让未来的你，感谢现在勇敢的自己

王介威◎著

中国纺织出版社有限公司

内 容 提 要

我们都心怀梦想，但如果你畏首畏尾，只是幻想而不付诸实践，那么，你只能在一片幻想的迷途中越陷越深。因为成功与胆量有着莫大的关系，有胆量的人才有资格拥有成功。

这是一本写给那些在人生之路上感到迷茫和畏惧的人们的书，鼓励人们突破安稳的现状，敢于破釜沉舟，并且告诉人们，唯有敢想敢闯，并且努力再努力，才能成就人生，体会收获的快乐。

图书在版编目（CIP）数据

让未来的你，感谢现在勇敢的自己 / 王介威著. —北京：中国纺织出版社有限公司，2020.5
ISBN 978-7-5180-7086-2

Ⅰ.①让… Ⅱ.①王… Ⅲ.①成功心理—通俗读物
Ⅳ.①B848.4-49

中国版本图书馆CIP数据核字（2019）第296904号

责任编辑：闫　星　　特约编辑：王佳新　　责任印制：储志伟

中国纺织出版社有限公司出版发行
地址：北京市朝阳区百子湾东里A407号楼　邮政编码：100124
销售电话：010-67004422　传真：010-87155801
http：//www.c-textilep.com
中国纺织出版社天猫旗舰店
官方微博http：//weibo.com/2119887771
三河市延风印装有限公司印刷　各地新华书店经销
2020年5月第1版第1次印刷
开本：880×1230　1/32　印张：6.5
字数：168千字　定价：39.80元

前　言

你是否过上了自己曾经想要的生活？是否实现了曾经的理想？是否按照自己喜欢的方式生活？对于这些问题，相信只有少部分人的答案是肯定的，而大部分人只能空余嗟叹。

我们可以看到的是，大部分人的人生轨迹是这样的：他们从童年、少年到青年，从读书到工作，总是按照父母长辈们规划的道路去做，他们不敢有自己的想法，也习惯了听从别人的意见，在别人眼里，也许他们是成功的，他们工作稳定、有房有车、家有妻儿，一切行进得很平顺。然而，每当独处时，他们总是感到十分落寞、怅然若失，似乎自己的生命里缺少了些什么，他们甚至突然感到活得毫无意义，不知道自己身在何处，内心无法安宁。

其实，我们都心怀理想，但在社会丛林的影响下，不少人逐步失去个性，变得人云亦云、得过且过，最终让自己的人生毫无生气、碌碌无为。

然而，你也可能发现，你的周围也有这样一些人，他们虽然物质贫乏，但他们为自己热爱的事业打拼，每当他们沉浸在自己爱好的事情中时，便能忘记全世界，他们生活和工作得十分充实与快乐。

那么，你是否羡慕他们？他们的生命是畅快的，内心是澎湃的、充满热情的，他们为梦想拼搏，他们每天都在进步。其实，与其羡慕，不如行动，如果你也想拥有这样的热血青春，就必须求变！要知道，我们所生活的世界，本身日新月异、瞬息万变，就算现在的你是成功的，但随着时间的流逝，当大家都在进取时，你却停滞不前，你就落后了，如果你意识到这种落后的存在却又不愿意奋起直追，那么就只能过这种平淡乏味的生活了。

生活中的你，可能现在小有成就、衣食无忧，可能有锦绣前程，然而，你不能因此而停滞不前，激烈的竞争要求你不断进步，而求知与不满足是进步的第一必需品。生命有限，维系成功的唯一法门在于不断地努力，在新的方向不断探寻、适应以及成长，这样，你将步入新的高度。

那么现在，你是否找到了自身的症结？没错，就是缺乏勇气，唯有勇敢，才能帮你突破现在的人生，而勇气的力量从何而来？本书就是给人力量、促人奋斗的心灵鸡汤。本书犹如一位长者用自己的经历告诉你如何找准自己在社会生活中的位置，帮助你精准地定位人生，帮助你排除疑惑，找到人生努力的方向和动力，读完本书，你会获得力量，会找到奋斗的方向，最终驾驭自己的人生，实现自己的人生价值！

作者

2019年11月

目　录

第 1 章

人生总有低谷，心情阳光才能看到谷中美丽

有人说，现实是美好的，但又是残酷的，有高潮，也有低谷，关键在于我们处于低谷时的心态，在于你是否具有韧性，能否坚持到底。如果遇到挫折和苦难，就要把它当成人生的考验，不要在苦难面前茫然退缩，更不要不知所措、迷失自己，要满怀希望地为未来而努力，相信终有一天，你会走出低谷，走向光明。

你若一直悲观，一生都在失去

人的心态错综复杂，呈现两极化的状态：或者悲观至极，认为事事都和自己作对，自己再怎么努力也不可能有好的转变；或者整日乐天派，觉得生活一片欣欣向荣，好运会接二连三地光顾自己。人都希望自己是个乐观的人，每天能开怀大笑，并感染身边的人，给他们带去一份好心情，然而，很多事情却不会尽如人意，能否让自己拥有好心情，更多的是看你怎样看待发生的事情。

世界上最伟大的发明家爱迪生面对烧毁的实验室，并没有伤心和悲观，而是和同事说："不要紧的，大火烧掉了房子，把我们的错误也烧掉了。"他在困境中看到的更多是希望。

美国作家富兰克林曾说："世界上有两种人，他们的健康、财富，以及生活上的各种享受大致相同，结果，一种人是幸福的，另一种人却得不到幸福。"为什么会有如此分明的不同呢？他说："他们对物、对人和对事的观点不同，因此那些观点对于他们心灵的影响也不同，苦乐的分别主要也就在于此。"那么这两种人平时所关注的是什么呢？他又说："乐观的人所注意的只是顺利的际遇、交谈之中有趣的部分、精致的佳肴、美味的好酒、晴朗的天空等，同时尽情享乐。而悲观的人恰恰与他们相反。”

哲人说，世间美好的东西尽为乐观者所有，造物者派给他们的使命就是尽情地占有和享用美好。而悲观的人，一生都在失去，失去快乐、希望、前程和美好的人生。

乐观和悲观是人生的两种态度，拥有乐观心态的人，看任何事情都能看到事物的长处，看到对自己有利的一面，从而看到希望；悲观的人看问题总是盯着不好的一面，越看越烦，越看越消极沮丧。

乐观与悲观这两种截然不同的心态在每个人的心中都会交替出现，没有谁能保证自己时刻都是积极的、乐观的。但在更多的时候，我们要引导自己以乐观的心态看待发生在自己身上和周围的事情。

乐观之于人生，是那浮荡在地平线的袅袅升起的热望与希冀，是寻得一份旷达与美好的铺垫和勇气。在乐观中撷取一份坦然，你的面前就会盎然多彩，若在悲观中摘下一片沉郁的叶子，就只能瓦解你积蓄的力量。那些不停抱怨的悲观者，看到的总是事情灰暗的一面，即便到春天的花园里，他看到的也只是折断的残枝、墙角的垃圾；而乐观者看到的却是姹紫嫣红的鲜花、飞舞的蝴蝶，自然，他的眼里到处都是春天。

悲观心态的存在是正常的，它并不可怕，只要你学会调整自己的心态，一切困难都可以克服。

人首先要明白，你越怕什么，就越会发生什么。因此，一定要懂得积极态度所带来的力量，要相信希望和乐观能引导你走向胜利。

即使处境危难，也要寻找积极因素。这样，你就不会放弃取得微小胜利的希望。你越乐观，克服困难的勇气就越会倍增。

人要学会以积极的态度来接受现实中的失败。有积极心态的人，才有能力轻松地克服厄运，排除随之而来的悲观情绪。

只要活着，就要面对生活的风风雨雨

大海是一个无穷的宝库，因此，在海边生活的大多数人都靠海吃海。他们从大海中捕鱼，或靠天然的海水养殖，还有人靠给游客驾船出海为生。可以说，大海是他们的衣食父母。然而，终日和大海打交道，每天都要驾船出海，几乎每一个出海人都曾经见识过大海暴躁的一面。愤怒的大海简直要吞噬一切，它怒吼着，撕扯着一切在它怀抱中的东西。一个从未见过这种情形的人无疑会心惊胆战，然而，对于一个终日与大海打交道的渔民而言，暴躁的大海也依然是可亲的。这就像是生活。每个人都在生活的怀抱中摸爬滚打，有的时候我们运气很好，总是能够顺心如意地得到生活的馈赠。然而，有的时候命运却和我们开玩笑，厄运接踵而至，使人无法招架。这个时候怎么办呢？难道出海人见识过大海的暴躁之后就再也不和大海打交道了吗？当然不可能。无论生活怎样捉弄我们，只要活着，我们就必须面对这一切。就像每一个出海人都曾经历过风暴一样，每一个活着的人都要经历命运的严峻考验。

无论出身高贵还是卑贱，每个人的人生都不可能是一帆风顺的。面对生活的暴风雨，假如我们退缩了，那么就无法面对未来的生活。因此，我们唯一能做的就是勇敢面对。正如一个出海人在大海上遇到了风暴一样，此时此刻，怨天尤人管什么用？后悔莫及有什么用？他唯一能做的就是积极地求生，永不放弃。

在海明威的《老人与海》中，讲述了这样一个故事：

整整84天了，古巴老渔夫圣地亚哥一直出海，但是却始终毫无收获。对此，很多渔夫都嘲笑圣地亚哥，说他是个不折不扣的失败者，然而，圣地亚哥自己却不这么认为。在别人的嘲笑与质疑之中，他再次独自出海捕鱼。最终，他发现鱼儿上钩了，然而，这是一条巨大的大马林鱼，甚至比老人的船还要长两英尺。老人尽管已经年纪很大了，并且捕了一辈子的鱼，但是他却从来没有见过这么大的鱼，甚至连听都没听说过。这条大鱼的力气很大，圣地亚哥根本不是它的对手。然而，面对自己的猎物，圣地亚哥没有想过放弃。就这样，他和小船被鱼拖着漂流了整整两天两夜。在这两天两夜之中，老人经历了前所未有的考验。有好几次大鱼差点儿把小船拖翻、拖垮，即使如此，老人也没有放弃。他不顾一切地与大鱼奋斗，最终把大鱼刺死了。老人把大鱼拴在船头，准备起航回家。出人意料的是，在回家的路上，大鱼的血腥味招来了鲨鱼，它们疯狂地扑向这个硕大的食物，尽管老人与鲨鱼进行了殊死搏斗，还是没能阻止一群群前来“挑衅”的鲨鱼吃掉了他的猎物。最终，老人把大马林鱼带回了家，尽管大马林鱼只剩下一副光秃秃的骨头架子了。

在《老人与海》中，很多人都喜欢一句话，即“一个人并不是生来就要被打败的。人尽可以被毁灭，但却不能被打败”。这是小说中圣地亚哥老人所说的话，揭示了深刻的人生哲理。老人有不屈服的精神，面对变幻莫测的大海，面对比自己的小船还要长两英尺的大马林鱼，面对成群而至的闻到了血腥味的鲨鱼，他始终没有想过放弃。这就像是人生，除了本身的变幻莫测之外，还总是有一个个意外和不幸接踵而至。而对于老人而言，尽管他在几天几夜的搏杀之后只带回了大马林鱼的骨架，他也依然是人生的胜利者。对于我们而言，也是如此。在面对人生的过程中，我们所追求的未必是结果，而只是永不屈服的过程。只要尽心尽力了，即使失败了，又如何呢？其实，对于成功和失败，每个人都有自己的评价标准。也许在悲观者眼中，圣地亚哥老人是失败了，而在乐观者眼中，圣地亚哥老人却是永远的强者。这正像某位著名的音乐大师所说的：“我可以被摧毁，但我不能被征服。”

我们不是渔夫，但是我们却是在生活的大海上弄潮的出海人。只要活着，我们就必须面对生活的风风雨雨，无处可逃。既然怯懦解决不了任何问题，为什么我们不像圣地亚哥老人一样成为一个不屈不挠的硬汉呢？！记住，每一个出海人都曾经历风暴，每一个人都曾经历生活的风风雨雨。强者永远不会抱怨和放弃，而是一味地坚持，永不言败。

打开心门，让阳光洒进来

我们常说环境塑造一个人，同样，环境也塑造了他的心。受限于环境也许是一种客观的悲哀，但对于有思想的人来说，更多的则是心态的羁绊。

一位心理学家讲过这样一个故事：

有一个农夫在一次农产品的展览会场上，展示了一个形状如同水瓶的南瓜，参观的人们见了无不啧啧称奇，追问农夫是用什么方法把这个南瓜培育成功的。农夫回答道：“当南瓜只有拇指一般大的时候，我就把它装入水瓶里，一旦它渐渐长大，把瓶子内的空间都占满时，南瓜便会停止成长，这时，它就能够一直维持在水瓶里面的那种形状了。”

南瓜的成长和人心态的成形是同理的，如果我们把自己的心封闭起来，自己设定限制，那么我们就会如同被放进水瓶中的南瓜一样，逐渐失去自由成长的可能，心态也难免偏激。

有些人说："我就喜欢一个人待着，不喜欢和别人交流，不愿去挑战什么，我的个性就是这个样子。"或者"我也不想这样，但我就是做不到的。"这样的人对自己的心态问题有着较为清醒的认识，说这样的话往往都是在替自己的不肯改变、不思上进找寻合理的理由。试想，我们的人生若是始终都保持这种逃避的心态，那么终将会为自己留下许多无法弥补的缺憾。

丹麦哲学家齐克果曾经说："一旦一个人自我设限，并且一直认定自己就是个什么样的人，他就是在否定自己，甚至他不会自我挑战，只想任由自己一直如此下去，而这终将导致自我毁灭。"

人们经常讨论为什么起初处于同一起跑线上的密友，在几年之后却有截然不同的境遇。除了智力、机遇、情商等诸多因素外，心态的不同也有巨大的作用。事实上，只要人不对自己进行自我设限，并且给予自己力求改变的自信和勇气，相信每个人都能活得更加精彩！

一天，一位作家雇用一位保姆为他收拾房子，这位保姆对作家说："你的家里真是太漂亮、太棒了，我也想拥有这样的房子，不过呢，我看还是算了吧！"

作家疑惑地问道："既然你想拥有这样的房子，为什么不认真考虑购买呢？"

保姆无奈地摇摇头说："我已经快要50岁了，还有生病的丈夫和孩子需要我一个人养活，我并不认为自己买得起一栋房子。"紧接着，保姆感慨地说："唉！这样的房子都有很高的房价，再说我为了养育孩子需要很多的钱，而每个月靠打工赚来的收入，根本无法完全应付支出，哪还有闲钱能够存下来购买房子呢？你说，像我这样的情形，我要怎么认真考虑买房子的事情呢？算了吧！我知道我是没有办法的。"

作家听完后，一句话都没说，只是走回自己的书房。不久，他抱着一个糖果盒走出来。作家走到保姆的面前，问她身上是否有10元钱。保姆心中虽然感到万分狐疑，但她还是从口袋中拿出钱来交给作家。只见作家将钱丢入糖果盒中以后，再将糖果盒慎重无比地放到保姆的手上，鼓励她说："我相信你一定能够办到的，这10元钱就是你为了买房子做的第一步！"

几年以后，作家收到了一封庆祝新居落成的宴客邀请函，署名者正是当初那位自认无法买得起房子的保姆！

保姆的故事告诉我们，只要你不在心中给自己设限，努力朝着目标迈进，就会有更加积极的进展；相反，如果你一直认为自己办不到，或是在这个过程中不断怀疑自己的能力、缺乏自信心，你就永远无法实现它。

人的心态就是这般的神奇，如果你给予它更多的阳光，让自己的心门开得更大些，那么你的人生之路就会更加异彩纷呈。最终会如那句话所说——梦想终将照进现实。

悲伤毫无意义，不如坚持走下去

射击练习中，也许只有经历了99颗子弹的铺垫，才会有一枪击中靶心的结果，这就是坚持的结果。

烦躁的情绪谁都会有，想放弃的想法也一样。但是这些焦虑以及悲伤的情绪对我们来说并没有什么好处，如果你总是沉浸其中，那你不可能成功。一切都会过去的，只要你勇于坚持。坚持，是战胜一切的强大力量，如果你用心坚持下去，那些令你伤心、失望、暴躁的事情都会烟消云散。

我们都知道这样一句话："坚持就是胜利。"面对挫折轻易放弃，不仅让你的精力投入付诸东流，久而久之，你也会产生这样一种心态：面前的就是困难的，困难是我无法克服的。长此以往，你不敢面对任何问题，心理素质越来越差。所以说，想要保持积极向上的情绪，请一定不要在困难面前颓废，学会坚持，用实力去解决问题。

坚持，说容易也容易，说难也难。世间的道理大多相同，一个人要想获得成功，万不可处处投机取巧，因为事事皆需努力，踏实的脚印才能走得更稳，才可能实现人生的飞跃，获得人生的辉煌。

懂得坚持，才不会产生自暴自弃的消极心理，懂得坚持才能修炼自己的好品格。

1.放弃时，想想之前的付出

当你不想坚持时，可曾想过流过的汗水、付出的心血，这一切的积累就都舍弃了吗？量变才能质变，如果你准备了很多、积累了很久，但还没有发生你所期待的变化，切勿放弃，你的积累足够了吗？你的准备到位了吗？能否再多准备一些、再多积累一点呢？

2.学会忍耐，在生活中历练自己

无论我们现在工作和生活的环境是否让人满意，如果想真正改变自己，那我们就必须学会暂时地忍耐，忍耐环境对我们的磨炼和对我们的考验。既然选择了，就不要轻易放弃，否则我们将永远一事无成。到时候，你的一事无成会让你颓废不堪，你的心情也会越来越差。

3.培养做事习惯，坚持有始有终

许多人有把工作做一会儿就放在一边的习惯。而且他们充分相信，他们似乎已经完成了什么。事实果真如此吗？这样做，犹如足球运动员在临门一脚的刹那收回了脚，前功尽弃，白白浪费力气。

一个能够经受住磨难的人，定会成为一名强者。困境不能完全成就一个人，但有所成就的人定是在困境中走到最后的人。你还想中途终止你的梦想吗？请坚持下去吧，要记住，身体和灵魂一定要在路上前行。

多一点欢乐，让郁闷远离自己

“最近好累啊，郁闷死了”“为什么我就没有他那么好命，生下来就拥有一切，真是郁闷得要死”“又被坑了，真是郁闷至极”“想买那个包包，可是没钱，真是郁闷”……好像郁闷一直生活在某些人的生命里，不管遇到什么事情，他们张口就是郁闷。郁闷是一种消极情绪，如果不及时走出来，你就变得越发消极、悲观。不管郁闷是产生于外界原因还是自身原因，我们都应该懂得控制自己的情绪，让自己多一点欢乐，这样才能让郁闷远离自己，让内心更加轻松。

嫣然是一位刚刚入职不久的职员，由于是新手，对公司的事务还不是很熟悉，再加上她的领导是一个脾气暴躁的人，所以几乎每天都会被骂。

嫣然实在是难以忍受。她对于领导每天的怒骂感到非常生气。嫣然是家里的宝贝疙瘩，从小乖巧懂事，备受父母疼爱，从未受到爸妈的责骂，工作前也没有想到会遇到领导的破口大骂。

几乎是每回，当她拿着她的策划书到领导面前时，都会千篇一律地得到一个回答，那就是：“你这也叫策划啊？这是什么烂东西你知道吗？这是你写的啊？写成这样你也好意思给我看啊？你的逻辑思维及表达能力连小学生都比不上！”接着就是令嫣然几乎神经崩溃的斥骂。

慢慢地，嫣然开始失去上班的兴趣了。“我到底有多差啊，让领导如此看不上眼，但是，这样爱骂人的领导做得就对吗？我真的是倒霉透顶啊，在这样的人手底下干活。”每当嫣然想到这件事，就会非常生气，经常无法入眠，情绪也越来越差。

后来的某一天，嫣然遇到了大学时代的学长，他现在从事的是新闻记者的工作。嫣然不由自主地倾诉起自己的苦恼。

听完之后，学长笑了。他说起了自己的经验：“其实，这样的事情是很正常的。我记得刚入行的时候，我天天熬夜写稿子，一晚上的忙碌却总是得不到肯定，第二天上班的时候就被领导撕成碎片，大骂一顿，然后从头再来。现在看看，那些时光，竟然都熬过来了。”然后学长建议嫣然，碰到这种事情时，就要把领导所做的当作一种教育，当作自己学习的代价。“如果这么想还无法消除你的怨气，那么就把它当成拿到薪水所必须付出的代价好了。”

后来，学长跟嫣然讲了很多职场上的生存技巧，听了这些话后，嫣然内心的郁闷减少了很多，对待上班的态度有了180度的转变。当嫣然把工作当成锻炼自己及拿薪水所必需的事情时，心情就变得非常快乐了。

郁闷的结果是什么？是好好的一个人没能享受到生命中的快乐，还给自己的心灵判了无期徒刑，让它再也无法雀跃。不论有什么兴奋的事，郁闷情绪都会像一瓢冷水当头淋下，让好不容易提起的热情再次降温，生活重新回复到郁闷、郁闷、郁闷……

郁闷是一种慢性毒药，如果你一直困在郁闷的角落里不肯走出，那你的苦恼就会越来越多，你的精神也会越发萎靡，你对一切事物都会毫无兴趣。所以，我们要努力驱走郁闷的阴云，让自己快乐地生活。

1.看搞笑的电影或娱乐节目

郁闷的时候，看电视或其他媒介时，要主动避免看那些悲剧以及所有可能让你更郁闷悲伤的东西。建议多看喜剧，让自己乐个够，感受更多的快乐和希望。当自己沉浸在喜剧中时，内心的憋屈和烦闷就会慢慢转移，当重新想这件事时，自己的消沉也会减少很多。

2.关注自身情绪，积极寻求帮助

了解自己的精神状态，学会关注自己、保护自己。判断自己心理的健康状况有一个常用标准，即情绪是否稳定而愉快，一旦觉得自己有一段时间情绪很不稳定，则应考虑求助于心理咨询机构。

3.做运动、听音乐或旅游

你可以在生气和郁闷的时候拼命跑步，使劲打球，或者打沙袋，还可以叫几个朋友一起做运动、流汗，通过适量的体育运动，人会觉得精力充沛，精神也为之一振。你也可以听让人愉快的音乐，音乐会把你带入另一个时空，然后，你会发现让你不快的事情可能已经没有那么严重了，因为人经常只是一时钻牛角尖而已，在你进行其他活动的时候，坏情绪也已经被带走了。

想要洗涤心灵，想要发泄全身的压抑，那就去旅游吧。回到自然的怀抱，呼吸新鲜的空气，在山顶上大喊几声，将生活中的不快和委屈统统吼出来。

苦中作乐，窥见快乐的秘密

笑是一种简单而又愉快的运动，幽默产生的时刻，也正是人的情绪处于坦然开放的时刻。幽默和健康是分不开的，如“心中常有喜乐，身体常保健康”。古罗马人相信笑应该是属于餐桌上的，因笑能促进消化。学会了苦中作乐，你就窥见了通向身心健康的门径。

祖逖（266—321），字士稚，范阳遒县（今河北涞水）人，东晋初期著名的北伐将领。祖逖性格旷达，仗义疏财，乐善好施，胸怀坦荡，具有远大抱负，但是却不好读书。后来，进入青年时代的他终于意识到自己知识上的贫乏，深感不读书无以报效国家，于是就开始发奋读书。他广泛阅读书籍，认真学习，从中汲取了丰富的知识，学问大有长进。祖逖24岁时，曾有人推荐他去做官，他没有答应，而是仍然不懈地努力读书。

后来，祖逖与幼时的好友刘琨一起担任司州主簿。他与刘琨两人的感情深厚，不仅常常同床而卧、同被而眠，而且还有共同的远大理想：建功立业，成为国家的栋梁之材。

一次，半夜里祖逖在睡梦中听到公鸡的鸣叫声，他一脚把刘琨踢醒，对他说："你听见鸡叫了吗？"刘琨迷迷糊糊地说："半夜听见鸡叫不吉利的。"祖逖说："我不这样想，咱们以后干脆听见鸡叫就起床练剑如何？"刘琨同意了。于是他们每天鸡叫后就起床练剑。春去冬来，寒来暑往，从不曾间断过。

功夫不负有心人，经过长期的刻苦学习和训练，他们终于成为能文能武的全才，既能写得一手好文章，又能带兵打胜仗。后来，祖逖被封为镇西将军，实现了他报效国家的愿望；刘琨做了征北中郎将，兼管并、冀、幽三州的军事，也充分发挥了他的文才武略。

人生没有绝对的苦乐，万事万物都是可以相互转化的，只要我们有快乐的内心，再大的苦也只是浮云掠过罢了。人生无绝对，想要人生变得广阔，就要多欢喜、多微笑，因为快乐才是人生不断向上的动力。

从苦难中找到快乐是一种灵魂洗礼般的人生考验。苦难既能折磨人，也能锻炼人，我们要做的就是化苦难为人生的精神财富。能够苦中作乐的人会把苦难当成人生的一块垫脚石，能化腐朽为神奇。

如果无法拒绝苦难，那就承受下来；如果想远离灾难，那就要学会在苦难中抗争。而抗争苦难的最好方式，莫过于苦中作乐。因为，如果一个人在苦难中还能拥有幽默感，利用不利的因素为自己创造有利的条件，并把欢乐带给周围的人，那他还有什么战胜不了的呢？

1.不要被自卑心所驱使

悲观的人说："蔷薇有刺。"而乐观的人则说："刺里有蔷薇。"自卑往往是忧愁的根源，一个快乐的人，并非完全没有自卑的时刻，但他能把握自卑，不轻易受它驱使，而且快乐的人懂得将自卑化为动力。

2.做一些让人心境平顺的运动

中华民族传统的气功、印度瑜伽等，已被心理学家、保健学家从科学的角度进行研究，得到了能够"宁神除烦"的印证。潜心人静之时，人的生理机能处于有序状态，意念的引导和快语默诵，实际上起到了"心理反馈"的作用。

3.在细节处愉悦身心

苦中作乐还表现在很多细节上，对着镜子练习微笑，少抱怨、多微笑是人们苦中作乐的不二法宝。天气晴朗的时候抬头看湛蓝的天空，晚上数天上的星星，一个人静静地享受寂寞。即便是种种辛苦难言之事，如果处理得法，也自有其可乐之处。

4.面对苦楚，请从容面对

如果你能从容面对艰难困苦，那你就能在苦难中品味到真正的快乐。所谓"大乐苦中来"，不经一番寒彻骨，怎得梅花扑鼻香？乐是在苦的衬托下才得以存在的。真正的乐需要经过苦难的淬炼才能绽放光芒。面对苦时，不妨保留一分从容，耐心品尝苦中之甘。

有苦有甜，生活才会够味、才会多彩，你才能磨炼出一个更加丰富的自己。用一种积极向上的心态去面对人生、迎接挑战，并努力打破一切烦恼、忧虑的屏障，就获得了成功的一半。

第2章

躲在安全地带，才是人生最大的冒险

据社会学专家预测，未来的社会将变成一个复杂的、充满不确定性的高风险社会，如果人类自由行动的能力总在不断增强，那么不确定性就会不断增大。在现代社会，不敢冒险就是最大的冒险。没有超人的胆识，就没有超凡的成就。胆量是使人从优秀到卓越最关键的一步。生活中的你也需要勇敢地冒险，勇于尝试，这样，你就有了做第一个成功者的机会。

没有冒险的人生，就没有任何进步

曾经有人说，人生最大的冒险就是没有冒险。细细想来，没有冒险的人生的确是可怕的，因为这意味着我们的人生没有任何进步，更没有任何尝试和创新。毋庸置疑，这样的人生过于保守和闭塞，的确是最大的冒险。倘若一个人这样度过一生，那么非但不会有任何进步，还有可能被时代远远甩下，导致他的人生变得如同死水，再也任何生机可言。

在这个世界上，正是因为有了第一个勇于吃螃蟹的人，后人才能尽情享受美味。西红柿在从西方国家流传进入中国时，也没有人敢吃。后来，正是因为有第一个吃西红柿的人，所以我们如今才有机会享受这种酸甜可口的健康水果。毫无疑问，这个世界上的确有很多事情都是从无到有的，这也就意味着必然有很多人要勇敢地迈出第一步，才能为世人做出表率。人类整个历史的不断进步，就是因为有这些勇敢者不断作为先驱，才能推动历史的车轮滚滚向前。否则，假如我们每个人都畏缩不前，社会和人类还谈何进步呢！

也许有很多朋友之所以躲避冒险，就是因为他们害怕承担冒险的后果。殊不知，我们在躲避冒险的时候虽然避开了失败的可能，但是也因此与成功的机会彻底绝缘。一个勇敢的人，宁愿承担失败的风险，从失败中汲取经验和教训，也不愿意为了避免失败而错失成功的一切机会。所以人生在世，我们必须乘风破浪、勇往直前，这样我们的人生才能更加充实而又意义，哪怕失败了也绝不懊悔。曾经有位哲人说过，人生的前半生要遵循“不要怕”的原则，人生的后半生则要遵循“不要悔”的原则。这样的人生才是充实而有意义的，这样的人生也才是无怨无悔的圆满人生。

很多炒股的朋友都知道，风险越大，收益越大，相反，收益越大，风险也就越大。我们根本不可能获得万无一失的成功。任何冒险，既有可能成功，也有可能失败，在做决定之前我们必须深思熟虑，才能最大限度地发掘自身的潜力，从而避免自己因为没有竭尽全力而懊悔。如今，比尔·盖茨建立的微软帝国在全世界都首屈一指，那么当初他从哈佛休学，全力以赴地创业，难道就没有考虑过失败的可能吗？他当然想过失败的可能，但是他更清楚一旦成功意味着什么。所以他才会在深思熟虑之后做出决定，毫无疑问，这个决定是非常冒险的，但如今也的确给他带来巨大的成功。其实，比尔·盖茨早在中学时代就富有冒险精神，他之所以有今日的成就，也与他的冒险精神是分不开的。这一点，从比尔·盖茨热衷于游艇和飞车也可见一斑。

现实生活中，很多人都因为害怕失败，而选择放弃各种各样的冒险机会。殊不知，他们的人生虽然四平八稳，但是也毫无成就，只能羡慕地看着他人获得成功。从这个角度来说，不冒险到底是幸运还是不幸呢？对于人生，每个人都有自己的理解和选择，我们当然无法强求别人如何选择人生，但是我们自己却要清楚自己该怎么做。人生短暂，如果数十年如一日地过，无形中相当于缩短了我们的人生。最佳的选择是把人生的每一天都活出精彩，这样哪怕我们的生命无法维持很长的时间，至少我们拓宽了生命的宽度，我们的人生变得充实而有意义，精彩而又与众不同。

平静的港湾固然使人留恋，也没有导致失败的风险，但是平静的港湾却缺乏人生的激情和热情，必然让我们的人生不断沉沦下去，最终导致我们的人生变得空虚，没有意义。整个人类的不断进步，就是因为有少数人能够敢于冒险、敢为人先，从而不断开拓人类生存的领地，也把人类带入前所未有的领域。记住，只有成为第一个吃螃蟹的人，我们才能离成功更近。

适时展现自我，把自己推销出去

以前，人们总是说“是金子就会发光”“酒香不怕巷子深”等话，用以标明自己是个有能力的、不怕被埋没的人。的确，一个真正能力超群的人也许早晚都能找到机会表现自己、突出自己，但是人生却是短暂的，经不起漫长的等待。很多人怀才不遇，等了一辈子，才等来表现和展示自己的机会，却没想到为时晚矣。为此，他们不得不抱憾终身，甚至带着遗憾离开世界。尤其是现代社会，整个世界都处于争分夺秒的变化之中，作为千里马，难道我们还要等着伯乐找上门来吗？如果伯乐因为忙于发现其他的千里马，最终忽略我们呢？在这种情况下，最好的办法就是我们主动表达自己、展示自己，从而让伯乐意识到我们的存在。

现代社会人才济济，大学生更是已经变得非常普遍。所以，除非我们是高尖端人才，否则我们很难凭借一纸文凭获胜。作为现代社会的人才，我们除了要具有才华和学识之外，更要不断提升自己的能力，从而让自己表现更加突出。对于职场人士而言，实力和成就才是最佳的代言。当然，要想做到这一点，我们必须突破内心的囚牢，超越自我。对于大多数人而言，生活中最大的挑战不是困难和挫折，而是自我的禁锢。只有自我的局限，才会成为人生最大的障碍。细心的人会发现，大凡成功者，都是能够成功挑战自我的人。他们首先战胜了自己内心的怯懦，就像世界上最伟大的推销员一样，先把自己推销给身边的人，然后才能把工作做得出类拔萃、引人注目。

李开复在苹果公司工作期间，对于自己手下的一个团队始终不满意。然而，因为这个团队的负责人是李开复上司的朋友，所以尽管李开复内心深处很想裁掉这个团队，但是他却始终无法下定决心。归根结底，他不想因为这件事情得罪上司，惹得上司不高兴。

后来，李开复因为某些原因要离开苹果公司，对于这个老东家，李开复还是有感情的。为此，他决定在离职之前处理好很多事情，以免未来接替他工作的人对他有意见，也以免给上司留下祸患。李开复经过深思熟虑，决定裁掉这个团队，哪怕让上司不高兴，至少他是问心无愧为了公司好。

就这样，李开复心怀忐忑地开始大刀阔斧施行改革，裁掉了他一直不满意的部门。出乎他的预料，改革后，他非但没有得罪上司，上司反而对他的表现非常满意，而且对他的决策也十分支持。此外，那个部门的同事也都觉得李开复有魄力、有担当，是个优秀的管理者。

这件事情之后，李开复意识到做人不能故步自封。

其实很多时候限制我们的是我们的内心，而非客观存在的外界。我们必须消除自己内心的局限，不要被那些想当然的困难吓住，才能最大限度地发挥我们的实力，从而为我们的人生赢得更多的可能性。

成功，不可能全都依赖于外部得天独厚的条件，而应该更多地取决于我们的内心。不管什么情况下，我们都要更加积极主动地表达自己的想法，把自己展示给他人，也与他人进行更好的沟通，才能如愿以偿获得成功。

挣脱内心的禁锢，不断超越自我

每个人在自己的人生旅途中都会遇到各种各样的困难，也会遭遇形形色色的困境。对于那些容易克服的困难，大多数人都会努力做好，从而战胜困难。但是对于那些难度比较大的难题，我们则需要加倍努力，有可能还需要求助于别人，才有可能获得成功。但是如果放弃，我们就会连与成功擦肩而过的机会都失去了。由此可见，真正的成功是超越困境之后获得的成功，而真正的失败不是某件事情的结果不尽如人意，而是我们的放弃。假如我们不放弃，哪怕失败了，我们也能从中汲取经验和教训，从而使我们更上层楼，也为我们未来获得成功奠定基础。

如果一个人意识到突破和超越自我的重要性，并且能够下定决心真正去做，那么他无疑距离成功越来越近了。成功的人生都是相似的，失败的人生各有各的原因。纵观古今中外，大凡成就大业者，无一不是突破自我、让人生扬帆远航的人。而失败者，更多的时候都是因为自身原因导致失败的。他们被禁锢在内心的囚牢中无法挣脱，最终导致他们的人生萎靡不振，毫无希望可言。

马云大学毕业后成为了一名教师，不但工作轻松，而且收入稳定，这使他的生活变得非常平静。他的生活虽然谈不上非常让人满意，但是也算是安安稳稳，因而他最初的时候并不想打破生活的平静，彻底改变生活。直到有一次，马云出国考察，无意间接触到互联网，这使他茅塞顿开，觉得互联网最终一定会改变人类的生活方式。不过，当时我国并没有普及互联网，只有极少数业内人士才能接触到互联网，换作别人也许会打退堂鼓，但是马云偏偏觉得国内的现状正是千载难逢的好机会。为此，他想抓住这个机会，下海经商。

当然，马云也是非常谨慎的，他咨询了20多位朋友的意见，除了一位朋友赞同他的决定外，其他所有的朋友都劝说他不要冒险。一时之间，马云未免感到迟疑，不知道自己到底怎样做才是对的。但是最终，马云在经过慎重的思考之后，毅然决然地开始创业。而且，他还坚决果断地辞掉了自己的工作，从而让自己没有退路，只能奋勇向前。从此之后，那个过着四平八稳生活的马云不见了，取而代之的是一个对人生充满热情和激情的马云。当然，如今每个人都知道马云创业的结果，那就是大获成功。但是马云创业之初对于自我的艰难突破，以及他创业过程中经历的很多坎坷和挫折，多是大家不知道的。

对于马云而言，有勇气突破自我，就是他最大的资本。毋庸置疑，每个人都有自己的梦想，但是大多数人在艰难生活的过程中距离自己的梦想越来越远，唯有马云，能够抓住自己的梦想，并且不遗余力地去实现自己的梦想，最终获得成功。我们不由得扪心自问，难道当初我们追求梦想就一定会失败吗？当然不是，你很有可能和马云一样大获成功呢！遗憾的是，你放弃了，马云切实去做了，而且坚持不懈、竭尽全力。

现代职场上，有很多年轻人都缺乏经验，但是他们的胆大和魄力，使得他们能够主动发挥自身的长处，从而不断超越自我、成就自我。我们必须记住，假如我们想要成功，那么我们就一定能够成功。只要我们坚持不懈地努力和付出，就没有任何人能够阻拦我们。

毫不退缩，勇往直前才是强者风范

人有无穷的潜力，这种潜力不仅仅存在于智力方面，也存在于精神方面。每个人内心的力量都非常强大，当我们充分发掘这种力量，甚至可以在它的支持和推动下战胜一切困难。一直以来，我们都羡慕那些成功人士占据了得天独地的条件，甚至受到命运的青睐，拥有好运，其实，我们只看到他们人前的风光，却未曾看到他们之所以变得这么强大，是因为他们即便面对厄运，也依然毫不退缩、勇往直前。

现实生活中，很多失败者的条件并不差，他们之所以失败，是因为他们总是一遇到困难就退缩。相应地，所有的成功者都不是一蹴而就获得成功的，他们遭受的厄运甚至比失败者更多，但是他们却能够坚持不懈地勇往直前，这就是他们获得成功的秘密。

遗憾的是，尽管有很多人都知道获得成功必须坚持不懈、永远进取，但是真正能做到这一点的人却少之又少。这并非是生活中简单的口号，要想让这个原则对我们的成功产生助力，我们就必须更加坚定不移地前行。发明大王爱迪生从小家境贫寒，没有接受过正规教育，但是这并没有阻碍他在科学领域的伟大建树和独特成就。在发明电灯的过程中，爱迪生尝试了数千种材料，也进行了无数次实验，才最终找到合适的灯丝材料，才能为整个世界带来光明。当有人问他：“假如你迄今为止没有成功地发明出电灯，你会如何做？”爱迪生笑着回答：“那么，我一定还在实验室里废寝忘食地工作，根本无暇和你交谈。”这就是爱迪生坚韧不拔、勇往直前的科学精神。也正是因为有了这种精神的支撑，他才能够在一生之中发明很多东西，成为当之无愧的“发明大王”。也许我们无法成为发明家，然而每个人都有独属于自己的成功。在我们平淡的人生道路上，我们也应该像一个真正的强者那样，努力奋进、勇往直前，才能获得自己与众不同的成功人生。

1948年，牛津大学准备以“成功的秘诀”为主题，开办一场讲座。为此，牛津大学还特意邀请了当时大名鼎鼎的丘吉尔到场，为学生们进行演讲。由于此次演讲不同寻常，因而很多媒体提前3个月就开始大肆炒作宣传，社会各界的人士也都拭目以待，对这次演讲满怀期待。终于，演讲的日子到来，会场上座无虚席，还有很多人站在会场的通道和走廊上等着倾听演讲。那些新闻媒体更是如约而至，把整个会场围堵得水泄不通。一则，大家都想见识丘吉尔演讲的风采；二则，大家也很想知道丘吉尔成功的秘诀。

当丘吉尔走上讲台后，台下的听众们马上爆发出热烈的掌声。丘吉尔挥手示意，让大家停止鼓掌。此时，丘吉尔沉默片刻，面向全体听众斩钉截铁地说："我的成功有三个秘诀：第一，决不放弃；第二，决不、决不放弃；第三，决不、决不、决不放弃！"说完这句话，丘吉尔就头也不回地走下讲台，结束了演讲。台下的听众一时之间没有回过神来，直到1分钟之后，他们才给予丘吉尔空前热烈的掌声。

虽然丘吉尔的三个秘诀可以合为一个，那就是决不放弃，无论在任何情况下，都决不放弃，但是，这的确是一切成功的先决条件。一个人，即使再有才华，能力再强，假如总是三心二意、半途而废，也是不可能获得成功的。从这个角度而言，对于任何人来说，决不放弃都是成功的必要条件。

这个世界上真的有失败吗？除非生命终止，否则绝大部分的失败并非是真的失败。很多朋友都喜欢看好莱坞大片，会发现那些主人公简直如同打不死的小强一样，不论处境多么艰难，他们最终总是能够获得胜利。其实，这并非因为他们的能力多么强，而是因为他们有着顽强的毅力，能够决不放弃地勇往直前。他们不到生命的最后一刻，决不放弃希望，所以才能创造那么多的奇迹，在紧要关头扭转局势，反败为胜。

成功者也是人，而不是神，他们也会和我们一样感到悲观绝望，变得软弱和痛苦。他们甚至还会偶尔停下脚步，但是他们只是调整，而不是放弃。他们在经过短暂的休憩后，马上就会继续勇敢地前行。所谓生命不息，奋斗不止，就是他们最真实的写照。和实现成功的艰难过程相比，成功并非最重要的，在通往成功的路上永不放弃才是最重要的。成功是结果，努力是过程，我们唯有拥有完美的过程，才能获得璀璨的成功。

坚持勇气与梦想同行，创造出生命的奇迹

人生会面临各种各样的困境，唯有勇气，才能帮助我们摆脱困厄，迎来命运的春天。越是当命运残酷的时候，勇气就越是会爆发出让人难以置信的力量。越是在绝境之中，勇气就越是会唤醒我们心底的伟岸，让我们发现完全崭新的自我。勇气的力量是无比强大的，甚至远远超出你的想象。因而，当你被别人嘲笑时，当你被他人藐视时，当你不知道自己的前途在哪里时，当你因为命运的困厄陷入绝望时，鼓起勇气吧。即使每一个人都否定你，你也要坚定不移地告诉自己：我能行！

很多时候，打击不会单独行动。它们总是接踵而至，让人无暇喘息。例如林肯在成功竞选美国总统之前，不止一次遭遇命运的无情打击，在失去未婚妻之后，他甚至因病卧床不起。

不得不说，这一连串的打击实在让他无法恢复，因而轰然倒下。但是他的心中始终燃烧着希望之火，始终充满着从头再来的勇气。在此后的日子里，即使遭遇再多的打击，他都始终坚持，鼓足勇气，勇往直前。正因为如此，他才能最终成功竞选美国总统，开始了自己人生的新篇章。不只林肯，每个成功的人生轨迹中，都必然有波峰也有波谷，甚至还会遭遇长期的困厄。唯有拥有顽强的毅力，才能最终打败灾难，成就自我。作为普通人，只要我们坚持勇气与梦想同行，就也能创造出生命的奇迹。

现代社会，还有几个孩子不知道迪士尼呢？甚至很多成年人，也都对米老鼠、唐老鸭的形象非常熟悉。可以说，迪士尼不但创造了美国的动画神话，也给全世界的儿童带来了童年的美好回忆。其实，大家所不知道的是，米老鼠和唐老鸭的创始人迪士尼，在成功创造出这些经典的动画形象之前，遭受了长期的坎坷和挫折。

很小的时候，迪士尼就热爱绘画。在美术课上，他充分发挥想象力，把植物画成人物的模样，而且还有着丰富的表情。但是对于他表现出的独特的创造力，老师非但没有表扬和鼓励他，反而毫不留情地批评了他。在墨守成规的老师心里，植物根本不可能像人一样有面貌、有表情。尤其是当听到迪士尼说这些植物都会说话时，老师更是气鼓鼓地训斥他，让他以后不许再胡思乱想。幸好，虽然被老师严肃批评，迪士尼也没有改掉这个“坏毛病”。在他笔下，植物和动物依然富有趣味。

中学时，迪士尼负责为学校的校刊画漫画。他很有想法，总是有奇思妙想，把校刊画得活灵活现。后来，他参加了第一次世界大战，并且利用闲暇时间创作漫画，遗憾的是，他投递出去的漫画全都被退回了。编辑无一例外地说他缺乏新意，作品没有灵气。但是迪士尼凭着对漫画的热爱，毫不气馁，继续坚持作画。战争结束后，迪士尼回到祖国，立志要实现自己的画家梦，但是他却处处碰壁，没有任何人欣赏他的绘画才能。后来，迪士尼进入一家广告公司，边工作，边学习，进行沉淀。最终，迪士尼和哥哥在一个破旧的仓库里成立了属于自己的公司，并且创造出风靡世界的米老鼠形象。从此之后，他一发而不可收拾，相继创造出唐老鸭、白雪公主、匹诺曹等动画形象，全都大获成功。后来，迪士尼更是倾尽所有，拍摄了彩色动画片《白雪公主》，最终获得了巨大的成功，成为世界动画片史上的里程碑作品。

在迪士尼获得成功之后，极具影响力的《纽约时报》给予了他极高的评价，说他是世界上最伟大的漫画大师。至此，迪士尼此前所有的坚持、努力和勇气才进入人们的视野，得到了无数人的认可和崇敬。如果没有坚持的勇气，只怕迪士尼早就在漫长的否定中失去了信心，小朋友们也就失去了如此经典有趣、给他们带来美妙童年的动画形象。

每一个人在实现梦想的路上，都必然要经历很多的坎坷和挫折。那些最终获得成功的人也许天赋异禀，也许拥有恒心和毅力，但是他们无一例外地都有一种特质，那就是充满勇气。如果说希望是人生的领航灯，那么勇气则是人生源源不竭的动力。正是因为勇气的支撑，我们才能在坎坷的人生路上始终坚持不放弃，直到到达理想的彼岸。有勇气的人，从来不怕被嘲笑，更不怕独自一人前行。他们坚信，只要沿着梦想的道路继续走下去，即使经风历雨，也永不停歇，他们最终一定会有惊喜的收获。

在命运面前，无惧就能无畏

生活中，困难无处不在，而很多时候，打倒人们的不是这些困难，而是内心的恐惧会放大困难。有这样一个小故事：有一只鸭子，在河面上不停地游来游去，想要找鱼吃。可是游了一整天，一条鱼也没找到。到了晚上，它看到月亮倒映在水中，以为是鱼，就潜下去捕抓。这时，其他鸭子看到了，都大大地嘲笑了它一番。受此打击后，它即使真的看到鱼儿，也不敢再去捕捉了，结果它很快就饿死了。

面对无法避免的压力和打击，如果我们不能用良好的心态面对，结果也就只能和那只鸭子一样，惧怕尝试，即使成功就在眼前，也不敢跨出一步，最终倒下。

这个简单的道理可能每个渴望成功的人都能懂。一些人总是抱怨命运不公，抱怨自己的处境糟糕，抱怨创业难等，但说到克服困难，似乎小孩反倒比大人勇敢。孩子们敢和鳄鱼拥抱，和巨蟒共舞。因为无惧，所以无畏。

我们每个人都应该记住，无论你失去什么，都不能失去勇气。而勇气也并不是一蹴而就就能获得的，是需要你在当下的日常生活中逐渐培养的，可能你认为现在的自己确实勇气不足，那么，你可以尝试做一些你没有做过或者不擅长的事，这是一种对自我的挑战，因为如果胆小怕事，就不可能获得成功。风险中肯定有困难，但困难中蕴藏着巨大机会的种子。

我们也发现，古今中外，所有的成功者都具有一些共同的特质：他们积极主动、敢作敢为。同样，任何一个人，无论现在处于什么样的境况，要想在未来社会竞争中脱颖而出，那么他就需要勇气。

的确，不怕吃苦的人才会有所成就。在你的人生路上，也许会沼泽遍布、荆棘丛生，也许会山重水复，也许会步履蹒跚，也许你需要在黑暗中摸索很长时间，才能找寻到光明……但这些都算不了什么，一个人只要能把握自己该干什么，那么就应该勇敢地去敲那一扇扇机会之门。

小周是个聪明的小伙子，刚开始，他以较好的学历被聘用。但上班以后的他却表现平平，因为无论做什么事，他总是前怕狼后怕虎，总是担心这个、担心那个，什么都不敢尝试，只要是有点难度的工作，他都说自己做不好。于是，上司就再也不把重要任务交给他了。他成了办公室的“多余人”。

时间过得真快，一转眼几年过去了，公司也招进来很多新人，这些新人锐意进取，一个个都表现得比小周优秀，他感到了前所未有的危机，但他还是不敢接受稍有难度的工作。再后来，大家都忘记了办公室里还有他这样一个老员工。听说公司近期要精减人员，也许那时会第一个想起他来。

恐怕任何一个年轻人都不想落得小周那样的悲哀下场，那就勇敢地迈出那“划时代”的一步吧！一切都将改变。

在今天开放的全球化世界中，随机性和偶然性越来越大，社会的发展往往变幻莫测、难以捉摸。在如此不确定的环境里，勇气就成了最宝贵的资源。人这一生最可悲的不是没有能力，而是没有勇气。当机遇一次次擦肩而过时，如果没有勇气去抓住，那么其他方面再怎么强也没有用。相反，有了充足的勇气，哪怕自己的条件比不上别人，成功的机会也比别人更多。

现实生活中，可能一些人已经习惯了安稳平淡的生活，似乎少了很多战胜困难的勇气。人生中有许多困难并不是什么坏事，因为逆境可以造就英雄。有了这些磨炼，美玉才会更加完美，刃器才会更加锋利。命运多舛并不是什么可怕的事，可怕的是你无法去克服和跨越它们。

当你遇到困难时，理所当然地，你会考虑到事情的困难所在，如此，你便会产生恐惧，会将原本的困难放大。但实际上，假如你能减少思考困难的时间，并着手解决手上的困难，你会发现，事情远比你想象中简单得多。那些成功的人士，都是靠勇敢面对多数人所畏惧的事物，才能出人头地的。美国著名拳击教练达马托曾经说过：“英雄和懦夫同样会感到畏惧，只是英雄对畏惧的反应不同而已。”麦克阿瑟在西点军校的演讲中也曾说过这样一句话：“不正面面对恐惧，就得一生一世躲着它。”

所以，我们每个人都要明白的是，我们所谓的困难并没有那么可怕，之所以不敢勇敢跨出一步，是因为你内心的恐惧在作怪。恐惧将困难放大，就会压倒你自己；而如果你勇敢一点，打倒恐惧，你会发现，原来所谓的恐惧只不过是纸老虎。

第3章

全力奔跑，你才能遇见生命中那些真的美好

我们发现，我们羡慕的那些事业成功者，都有一个特质，他们无不是在年轻的时候为梦想拼搏，他们每天都在进步。其实，人与人命运的不同，就在于他们是否有向往，是否为梦想全力以赴。人生在世，要有一番成就，就要死心塌地地对待我们所做的工作，如此就能产生火热的激情，它能让我们每天在工作中全力以赴。久而久之，持续的努力付出自然会有回报，你将因出色的表现获得巨大成就。

你没有竭尽全力，就没有权利说放弃

面对人生路上的诸多坎坷挫折，很多朋友总是情不自禁地想要放弃。殊不知，真正的失败并非来自外界的打击，也并非是结果的不尽如人意，而是我们在没有拼尽全力的情况下就轻言放弃，在自己拥有的时候不知道珍惜，而是肆无忌惮地挥霍曾经拥有的一切。一个还没有拼尽全力的人，一个不知道珍惜拥有、肆意挥霍的人，是没有资格和权利说放弃的。谁的人生不是奋力打拼来的呢？谁的人生不是在经历了难以想象的煎熬和艰难的跋涉之后，才一步一步走到今天的呢？与其把宝贵的时间用来抱怨，与其在自己还有余力的时候就被失败打倒，不如勇敢地站起来，继续朝前走，唯有如此，我们的人生才能更加坚定不移地勇往直前。

这个世界上，绝没有一蹴而就的成功，更不会有天上掉馅饼的好事情。我们作为普普通通的人，就只能更加不遗余力地努力。所谓靠天靠地不如靠自己，唯有依靠我们自身的努力，才能真正做到自强自立、生生不息。当然，人生处处都有挫折，尤其是在通往成功的路上，我们更是会遭遇很多磨难，也会遇到重重阻碍。每当这时，一味地抱怨命运不公显然于事无补，我们能做的只有拼尽全力、不遗余力。要知道，奇迹总是属于那些奋斗到最后一刻也依然充满希望的人。换言之，还有余力的人是没有权利说放弃的。

大学毕业前，若彤非常骄傲，很擅长写文章，在学校里也算是个小小的才女。

大学毕业后，若彤回到家乡的小县城，成为一名教师。如果仅从表面来看，若彤很文静，当教师当然是很合适的。但是实际上，若彤的心底里燃烧着生命的激情，她根本不甘心就这样在学校里度过自己的一生，更不愿意一辈子都围绕着三尺讲台转。为此，当有朋友介绍她认识李峰时，在见到李峰之前，她就因为李峰在上海工作感到怦然心动。那时，她天真地想："假如我和李峰结婚，不就可以辞职去上海，从而离开这个死气沉沉的小县城了吗？"这个想法使她激动不安，也使她以为遇到了人生中不能错失的机会，她几乎在还没有见到李峰的时候就已经决定接受李峰了，只是因为她想去上海。

虽然若彤曾经对于爱情有无限的憧憬和渴望，但是她还是如此仓促地选择了自己的婚姻。她在和李峰只见过几次面之后，就嫁给了李峰。然而，到了上海之后她才发现李峰的工作并不像他自己说的那么好，而且李峰脾气暴躁，读的根本不是大学，并且身上带着很多不好的习性。才刚刚两个月，若彤就无法忍受李峰，最终选择了离婚。

独身一人在上海，原本是依靠着李峰而来的，如今却与李峰变成仇人，形同陌路，若彤发自内心地感到绝望。但是，若彤并没有放弃希望，她很清楚父母辛苦供她读大学，并不是让她自暴自弃的。想到自己还可以挣钱养活自己，她不由得暗暗想道："我不能放弃，我必须更加努力，才能彻底改变命运。"就这样，若彤住在地下室，开始四处奔波找工作。一个多月后，她找到了一份很普通的工作，而且薪水待遇也不高。接连若干天加班，若彤累得精疲力竭，简直没有力气再挤公交车和地铁回到家里。若彤想要放弃，回到父母的身边接受父母的照顾，但是她知道，自己一旦回去，就再也没有机会走出家乡，一生的命运也许就会彻底改变。

若彤决定咬牙坚持下去，决不放弃。5年后，若彤简直今非昔比。她如今已经成为一家大公司的中层管理者，不但依靠自己的能力在上海买房买车，而且还得到了上司的赏识和喜爱。很快，她就把父母都从老家接到上海，彻底在上海安家落户了。

在人生的重大转折点，如果若彤选择了放弃，她也就放弃了整个人生。但是若彤很理智，她选择了依然坚守上海。正因为她当时的决定，她才有了今日的成就和人生，也才彻底改变了自己的命运，成为自己命运的主宰。

谁的人生路上会永远一帆风顺呢？谁的青春岁月不是在拼搏和奋斗中度过的？如果我们因为年纪小，不了解其中的道理，不如问问身边那些年长的人，他们一定会告诉我们人生是熬过来的，是一波又一波、一折又一折这么跌宕起伏过来的。因而要想成功度过人生的沟沟坎坎，我们就必须让自己的内心变得更加强大，从而才能拼尽全力，为了我们明日的成就，付出我们今日所有的能力和精力。

用智慧和勤奋改变你的生存局面

这个社会是贫富不均的，在很多人先富裕起来之后，依然有很多人在贫困线上挣扎。有很多学子因为家境贫困中途辍学；有很多孩子因为出身在贫苦人家，身患疾病却无钱医治；有很多有才华、有能力的人，因为贫困而无法实施自己的理想和报负……所以人们才会说，金钱不是万能的，但是没有钱却是万万不能的。的确，在现代社会，尤其是在大都市里，没有钱简直寸步难行。我们出去找工作坐车需要花钱，哪怕是买瓶水喝，也需要花钱。假如没有钱，我们如何四处行走自如，又如何做到有尊严地活着呢？因而，真正的贫困，会使人如同困兽在笼，感到无能为力。

然而，贫困也许是与生俱来的，很多孩子一出生就面临家徒四壁的穷困生活，但是穷困并非会跟随我们一生。民间有句俗话，叫作富不过三代。同样的道理，只要我们愿意用双手改变生活，穷困也不会跟随我们一辈子。尤其是在如今的时代里，经济发展迅速，商机无限，有大能力的人可以选择做大事，有小本事的人也可以做些小买卖。总而言之，只要拥有勤劳的双手，我们总能依靠劳动赚取足够的钱养活自己。在这种情况下，假如我们开动脑筋，多多思考和琢磨，再想出金点子，我们一定会进步神速，并能够彻底改变自己的生存局面。总之，穷困只是暂时的，不要让穷困阻挡你前进的步伐。

西汉时期，匡衡出生在一个农民的家庭。从小匡衡就很聪明，但是他的家里实在太穷了，父母根本没有钱供他读书。后来，一个亲戚好心地教匡衡认字读书，渐渐地，匡衡才能自主读书。很快，勤奋好学的匡衡就把家里的所有书都读完了。然而，他根本没有钱再去买书，思来想去，他听说一个有钱人家有很多藏书，就背起行李去那个有钱人家帮佣，不要分文的报酬，只要求让他随意借书即可。就这样，匡衡读了很多的书，学到了很多知识。

几年之后，随着年岁增长，匡衡成为家里的劳动力，每个白天都要跟随父亲去田地里辛苦地干活，到了晚上才有时间读书。然而，匡衡家里没钱买油灯，因而晚上可以读书的时间特别短。眼看着大好时光就这么浪费了，匡衡思来想去，只能请求有钱的邻居，想要去邻居家的窗户外面借光读书。然而，邻居嘲笑匡衡，并且拒绝了他的请求。

一天晚上，匡衡辗转反侧，躺在床上回忆自己白天争分夺秒读过的书，突然发现墙壁里透过来微弱的光线。原来，匡衡家与邻居家相邻的墙壁上有个很小的洞，匡衡喜出望外，马上找出小刀悄悄地把那个洞凿得更大一些，这样他就能够用洞里透过来的光读书了。正是因为如此勤奋刻苦，匡衡才能成为一个学识渊博的人。

毫无疑问，匡衡学习的条件是非常艰苦的，不但没钱上学，而且还没钱买书，甚至连买灯油的钱都没有。即便如此，他通过跟随亲戚学习读书认字，做到自主阅读，也通过帮有钱人家免费打零工，换取更多的可读之书。后来，因为无钱买灯油，他更是凿壁偷光，悄悄地偷来邻居家的光线，勤奋苦读。和匡衡相比，我们还能如何贫困呢？可以说，现在几乎每个人的生存条件都比匡衡好多了，我们唯一欠缺的，就是匡衡刻苦学习的精神。

从匡衡成功的经历中我们不难看出，一切的艰难险阻，都无法阻止我们前进的脚步。哪怕客观的条件再差，只要我们坚持不懈、持之以恒地努力，我们总是能够用智慧和勤奋战胜困难，也能够成功地改变自己的命运，成就自己的人生。

只有保持勤奋，运用智慧，我们才能彻底战胜贫困，从而使自己的人生进入更加开阔的天地。总而言之，穷困也许会一时禁锢你，但是终究无法阻挡你的脚步。我们唯有勇往直前，才能活出属于自己的精彩。就让穷困成为我们生活的调味料，帮助我们经风历雨，变得更加坚强勇敢吧！

不断向前奔跑的人，才能越挫越勇

如果说人生是一场比赛，那么一定是跨栏比赛。不管面对多么高的障碍，我们都要始终保持奔跑的状态，才能借助于奔跑的力量使身体迅速腾空，从而超越障碍，继续勇往直前。否则，我们一旦在障碍面前停下来，失去速度，这些障碍的难度就会成倍增长，因为已经停止奔跑的我们无疑削弱了力量，无法迸发出巨大的爆发力超越障碍、克服困难。由此我们不难得出一个结论，人生应该处于不断的奔跑之中，只有奔跑中的我们，才能越挫越勇，才能拥有强大的爆发力。

毫无疑问，生活永远不会都是甜蜜和美好的，更多的时候生活是苦涩的，甚至充满人生百味。我们既要享受成功后的喜悦和放松，也要时刻保持强劲的动力，勇敢面对失败后的艰难处境。唯有如此，我们的人生才能不断向前、向前。其实，每个人都有巨大的潜力，只不过在日常生活中这种潜力没有表现出来。只要我们能够坚持奔跑，就会源源不断地释放生命的潜力，也最终使我们的人生变得更加强大。

贝基拉从小的梦想就是成为长跑健将，因而他虽然出身贫苦，无法缴纳昂贵的训练费，甚至没有一双跑鞋，但是他依然坚持在训练场外观看运动员们的训练，梦想自己有一天也能够成为他们之中的一员。

有一天，赤裸着脚的贝基拉还像往常一样站在训练场旁观看训练，一位跨栏教练在倾听了他的诉说之后，将他带到一组低矮的跨栏前，让他尝试跨栏跑。他轻而易举地就完成了这组跨栏跑，因而教练又将其带到一米五高度的跨栏前，这次贝基拉被难倒了，尝试了好几次也没有如愿迈过跨栏。这时，教练语重心长地对贝基拉说："孩子，尽管现在你的生活面临很多困难，但是你只要坚持不懈，失败了也决不气馁，你终有一天能够超越这些障碍，奔向前方。你记住，只要你努力向前奔跑，就没有任何东西能够阻拦你前进的步伐。"贝基拉在教练的鼓励下，燃起了对生活的希望。从此之后，没有跑鞋的他开始赤脚奔跑，他跑过坎坷泥泞的山路，也跑过长满荆棘的原野，还跑过遍布沙砾的戈壁滩……他跑过了很多地方，最终他凭借自己的努力成为一名马拉松运动员。

在1960年的罗马奥运会上，贝基拉赤裸双脚，成为马拉松比赛的冠军，为祖国赢得了金牌。时隔4年，他尽管刚刚动过手术，但是依然以超强的耐力和韧性，再次为祖国赢得金牌，也成为奥运会有史以来唯一蝉联马拉松比赛金牌的冠军选手。对于贝基拉如此傲人的成绩，很多记者赶来采访，问："你是如何做到的？"贝基拉笑着说："其实很简单，我只知道要一直向前奔跑，到达终点。"

每个人都有自己的梦想，有些人把梦想弃之不顾，有些人则为了梦想不懈努力，最终成就了圆满的人生。可以说，人生之所以截然不同，就是因为人们面对梦想的态度不同，成败取决于一个人在人生路上是否一刻不停地奔跑。

毋庸置疑，人生路上有很多艰难险阻，我们唯有一刻不停地奔跑，才能不断超越这些障碍，远离人生的沮丧和阴霾。一旦我们停下来，虚弱的内心就会被人生的黑暗所吞噬，再想恢复昂扬的斗志也就变得非常困难。这正如古人所说的，一鼓作气，再而衰，三而竭。人生的奔跑也应该一鼓作气，这样才能让勇气和信心不断膨胀，才能帮助我们战胜人生的重重困难，最终到达人生的目的地，收获圆满的人生。

了解自己，听从内心的召唤

许多年轻人竟然不知道自己的梦想是什么。而没有梦想的人，就没有目标，没有奋起直追的持久动力。你可以倾听自己内心的声音，了解自己真正感兴趣的是什么，然后以自己的才能与爱好来作为树立梦想的参考。年轻人应对自己的特点有所了解，首先确立目标，有的人以自己身边或媒体宣传的人作为自己的目标；一些人的梦想与兴趣、爱好、特长相关，如喜欢唱歌的年轻女孩希望成为歌手，喜欢跳舞的女孩希望成为舞蹈家；当然，年轻人思想不够成熟，有时候追求的梦想不稳定，今天喜欢唱歌，明天喜欢跳舞，所以年轻人应该学会听从自己内心的声音。

菲尔·约翰逊的父亲拥有一家洗衣店，由于父亲希望约翰逊可以接手自己的生意，所以父亲在店里给约翰逊安排了一份工作。但是，菲尔·约翰逊一点也不喜欢洗衣店的工作，他每天都在店里偷懒，整天晃荡，只要做完自己的工作，他就撒手不管。有时候，他干脆会玩失踪，根本不来店里上班。约翰逊的父亲觉得儿子实在是没出息，在那么多员工面前将自己的脸丢光了。

有一天，菲尔·约翰逊主动对父亲说：“我想去一家机械工厂做个技工。”出去当工人？难道儿子想走自己曾经走过的老路吗？父亲非常震惊，他坚决不同意。不过，习惯我行我素的约翰逊才不管父亲反对的意见，他还是选择在一家机械厂做技工。在机械厂，约翰逊比在洗衣店更努力地工作。尽管机械厂每天的工作时间很长，不过菲尔·约翰逊吹着欢快的口哨就可以度过快乐的一天。渐渐地，约翰逊发现自己喜欢上了工程学，他开始认真研究各种发动机，在他的生活中只有各种机械作伴。

1944年，菲尔·约翰逊去世。不过这时，约翰逊已经是波音飞机公司总裁了，正是他研究制造出来的“飞行堡垒”使得美国赢得了战争。

约翰逊喜欢机械，他并没有因为父亲的期望而改变自己最初的想法。假如他看不起自己的工作，那就有可能会让自己的工作溃败。假如约翰逊当时留在了父亲的洗衣店，那么他和父亲的洗衣店会怎么样呢？在父亲去世之后，这门生意应该很快就会毁掉，那家曾经的洗衣店很快就会关门。

如果身边的朋友、家人建议你去银行当职员，但事实上你只是喜欢呆在蛋糕店里做蛋糕，那么你的选择是什么呢？曾经有年轻人抱怨："我很想成为一名歌星，但是我父亲却希望我能成为一名医生，我该怎么办呢？"有句话非常适合他：别人的期望，不能成为你被迫选择的理由。

一旦你确定了自己的内心，那就需要切断自己的后路，因为切断后路你就只剩下自己和梦想了，你就不能回头。当你无路可走时，你就已经站在梦想的面前，你需要做的就是去完成自己的梦想。假如你总是在猜测这是我内心的声音吗？你将永远一事无成，因为这个质疑会阻碍你去完成梦想，最后你将失去尝试的勇气而不愿意再跨出下一步。假如你质疑自己的梦想是否可以实现，那你将失去追求梦想所需要的动力。

与其抱怨，不如用拼搏来改变

在我们身边，总会有一些打抱不平的愤青，他们不断地抱怨上天的不公平、生活的不公正，其实，这些人之所以一直在喋喋不休地抱怨着，是因为他们无力扭转什么。成功只会垂青那些积极主动的优秀者，只要你敢于担当，勇于接受来自生活的挑战，那么任何艰难险阻都会变成坦途。对于一个强者来说，任何事情他们都会尝试着去做，因为敢于去做，到最后事情都会自然而然地变得顺畅。之后，他们会发现，那些原来让自己思虑重重的困难，竟然只是一件小事，根本不值得抱怨。

真正的优秀者，从来不抱怨，他们总是会把那些消极的想法从内心中扫除殆尽，让自己的内心充满阳光、充满希望。相反，一个弱者、无能的人，他的生活总是充满了抱怨，因为无力改变现状，或者是内心根本没有想要改变现状的意识，因此，他除了抱怨，别无他法。

现实生活中，平庸之辈总是多数，他们在平庸的同时，还在不断地抱怨。他们动不动就说“这个社会怎么怎么样”“我简直是英雄无用武之地”，优秀者则绝不是这样的态度。面对人生的诸多不如意，我们都不要再抱怨了，抱怨只会让自己变得更加无能。只有无能的人才会抱怨，那些优秀者往往会通过拼博来改变生活，来解决这些问题。所以在这个世界，真正的优秀者并不多，大多数都是习惯于抱怨的平庸之辈。

有一句话说得好：“多数人都想改造世界，但却很少有人想改造自己。”能够左右一个人成功的因素有很多，但是如果你连自己都不想改变，你会成为一个强者吗？许多人习惯于抱怨社会、抱怨他人、抱怨自己，可是，有人会想过这是因为自己不够强大而造成的吗？

一个人只有把自己定位在“平庸之辈”的位置上，他才会觉得无法改变，从而变成一个抱怨者。当我们把自己定义成弱者，那我们就什么也改变不了，除了抱怨还是抱怨。因此，当生活遭遇不幸的时候，我们所想的应该是如何解决问题，而不是不断地抱怨问题的存在，这样我们才能真正地解决问题。

不念过往，不畏将来，把一切交给时间

南唐后主李煜在《乌夜啼》中写过这样一句诗：“人生长恨水长东。”其实，人生何尝不是如此呢？自打我们来到世上的第一刻起，我们就像川流不息的江水一样往前走、从不停歇。岁月匆匆，人生漫漫，时光的逝去，让我们不知不觉从童年到青年、中年，再到老年，我们可以控制很多人和事，但却抵挡不住岁月的流逝，曾经的梦想、意气风发，都会在漫漫人生路途中消磨殆尽，随着时间一去不复返。

在幼年，我们学会了语言；在少年，我们懂得了教养；在青年，我们明白了是非；在壮年，我们体会了恩怨；在老年，我们参透了生活。但当你蓦然回首，你会发现无论是辉煌还是凄凉，不管是成功还是失败，没有谁能让时间的车轮倒转，更没有谁能让火热的青春重现。时光已在岁月中逝去，一切都难以再挽回。当人走到生命尽头的时候，就会感慨人生留下了太多的遗憾！

生命对于每个人来说只有一次，人生没有回头路，绝没有第二次选择的机会。我们没有办法去给自己做假设，也永远不知道未来会发生什么，所能做的就是一步步向前走去。人生一但选择了一条自己喜欢的路就没有理由不走下去，也没有什么可以后悔的。要知道自己所走的路，一定会走得很艰辛，不要去奢望什么，更不要逼迫自己。

因此，无论你经历过什么，或者正在经历什么，都请记住，一切都会过去。把一切交给时间，不念过往，不畏将来，是学会善待自己的表现。

一切都会过去的，无论发生什么，它即将成为过去，未来将会来临。当你感到情绪低落时请以这句话自勉。而事实上，任何痛苦和逆境都是有意义的，你现在所受到的痛苦不是毫无意义的。人生不如意十之八九。人一辈子会碰上许许多多的痛苦，这是我们无法避免的。痛苦可以让人颓废，也可以激发人的斗志。痛苦磨炼了人的意志，让人不会轻易地被困难所打倒。

人生有高潮就有低谷，它并非一成不变的，所以又何必处处计较？不如保持信心与期待，胜不骄，败不馁，在这个美丽的人间留下自己坚定的足迹。或许眼前你以为很难翻过的门槛，其实当事情过去以后，你会发现，它在你的人生路上是多么不显眼的一件事情，根本无须惊怕，所以，你应该重新扬起自信的风帆，鼓起劲儿摇桨，向成功的彼岸进发。

人生路上风光旖旎、五彩缤纷，人生的改变也许就在那瞬间，要把握好每一个可能的机遇，这样人生才会少一些遗憾。人生没有回头路，正因为不可以重来，生活才有滋有味，人生才多姿多彩；正因为不可以重来，我们才学会珍惜现在，才懂得开拓未来。

人生没有回头路，只能在叹息和惋惜中回味曾经的拥有，人生有许多珍贵的东西是值得我们一生回忆的，也让我们明白了很多的道理。既然改变不了生命的长度，那么我们就努力地去拓展生命的宽度吧。我们如果已经错过了春花夏雨，那就绝对不能再错过秋月冬雪。我们在生活中行走，在行走中学会了好好地生活，人生之路是直路也好，是弯路也罢，都要走好每一步，因为人生没有回头路可走。因此，我们还要记住一点，把握好今天，充实好自己，才能更好地迎接明天。

人生百味，百味人生。人的一生中，经历了无数的人和事，有欢乐，有痛苦；有顺境，也有逆途；有经验，更有教训。一个迷茫的梦，一段遗憾人生！就这样我们行走在生活中，走过了一个又一个的昨天。人生只有三天，昨天已成过去，无法重新上演；明天属于将来，无法给自己预先写好剧本等待自己的演绎；只有今天才是应该珍惜的。现实的世界令人接应不暇，沉浸在往事中只能倾斜心灵的天平，寻觅过去只能拾回尘封的梦幻。

只有把失落、遗憾和悔恨埋进昨天，我们才能真正拥有一个崭新的今天；只有把勤奋、拼搏和执着播满今天，我们才能真正拥有一个灿烂的明天，才能看到人生壮丽的风景，才能感受生活丰富的内涵。人生只有在向彼岸不断进发的征途中，才能焕发出绚丽迷人的光彩……

第 4 章

勇敢创造机会，努力尝试的人不会错过成功

我们发现，成功者之所以成功，离不开他们超人的努力，然而，还有个重要的原因在于特殊的机缘巧合，也就是我们所说的“机遇”，世界首富比尔·盖茨曾说过：“卖汉堡包并不会有损于你的尊严。你的祖父母对卖汉堡包有着不同的理解，他们称之为‘机遇’。”而对于现在的你，就是应该努力尝试，勇敢创造机会，只有这样，才能真正与成功结缘。

主动出击，寻找和创造属于自己的机会

在生命之中，每个人都会获得各种各样的机会，甚至偶尔还会有人获得从天而降的机会。然而，机会不是等来的，而是靠我们主动寻找和创造才得来的。当然，我们不否认有些人得到机会完全是出于命运的因素，但是其实，好运气并非是获得机会的唯一途径，毕竟即便是好运气，也与我们的坚持付出和努力是分不开的。每个人的生命都是短暂的，我们唯有更加努力地生活，才能不断拓宽自己生命的宽度，让我们的人生更加充实。这样，我们才能拥有精彩充实的人生，才能获得属于自己的绚烂。

遗憾的是，生活中有很多人都非常懒惰。他们总是在与机会失之交臂，或者是没有等到机会的时候，自我安慰："再等等吧，还会有机会的。"这样的话大错特错，要知道，并非是我们守株待兔般地等待机会，而是机会等待我们。有的时候，因为我们总是按兵不动，机会等得厌烦了，就会放弃等待我们，因而悄然溜走。如此一来，我们再想找到机会就很难了。所以我们必须主动出击，寻找和创造属于自己的机会，而不要

被动等待，让宝贵的生命悄然流逝。

我们之中的很多人都羡慕成功者的成功，被他们的光环吸引。殊不知，这些成功者并非有三头六臂，也没有得到命运的青睐。更多的时候，他们之所以能够抓住机遇获得成功，就是因为他们很善于寻找和创造机会。也曾有名人说，从先天的角度而言，人人都差不多。之所以有的人成功，有的人失败，就是因为后天的发展不同。因而我们必须积极努力、奋斗进取，才能最大限度地发挥我们的潜力，收获我们的完满人生。要记住，那个守株待兔的人第一次出乎预料地捡到兔子之后，就再也难以捡到兔子。机会也和兔子一样转瞬即逝，所以我们必须端正心态，采取积极的方法应对，最终才能如愿以偿，在人生中得到收获。

也许在漫长的人生中，我们和那个守株待兔的人一样，一直在被动地等待。但是我们等来等去，最终却徒劳无功，甚至白白浪费了宝贵的时间，使我们的生命毫无意义地悄然流逝。记住，这个世界上从未有天上掉馅饼的好事，也不会有一蹴而就的成功，任何时候我们想要获得成功，就必须非常积极主动地努力，才能抓住那些或大或小的机会，让我们的人生发生改变。

1955年，比尔·盖茨在美国的西雅图出生。11岁那年，盖茨进入当地最著名的私立中学——湖滨中学学习，此时，正值计算机悄然兴起。为了帮助学生学习，湖滨中学花费很多钱购买了计算机，盖茨对计算机表现出浓郁的兴趣，并且为此沉迷不已。

1973年，盖茨考入世界名校哈佛大学。要知道，哈佛大学汇集了全世界出类拔萃的学生。1974年，当盖茨得知世界上有了第一台个人电脑时，不由得热血澎湃。他似乎从中看到了巨大的机会，因而当即决定从哈佛退学，全身心投入这次历史仅有的计算机热潮中。次年，盖茨就与好朋友保罗一起成立了微软计算机公司。

1981年，当时全世界计算机产业规模最大的IBM公司研发出了最先进的个人计算机，使全球轰动。正是盖茨的微软公司，负责为IBM公司提供语言程序，这使得盖茨与保罗以及他们名下的微软公司一时之间名声大噪。在经过长期坚持不懈的努力之后，盖茨终于带领微软获得了决定性的胜利。IBM个人电脑问世之后半年，微软在个人电脑软件领域成为行业翘楚，成为地地道道的领军者。就这样，当年只有26岁的盖茨举世皆知。如今，在盖茨的领导下，微软已经成为计算机软件世界巅峰水平的标志，美国无数的年轻人也都以盖茨为偶像，努力追求梦想。

其实，从第一台计算机问世，到第一台个人使用的计算机问世，其间的机会对于大多数人而言都是一样的。当初，也未必只有正在读大学的盖茨对计算机感兴趣，相信整个世界对计算机感兴趣的人不在少数，但是只有盖茨抓住了这个百年一遇的大好机会，居然从人人向往的哈佛大学退学，冒着巨大的风险开公司。现在他成功了，所以举世皆知，如果当初他没有成功，那么他的人生一定会因此遭遇挫折。从盖茨的经历上我们也不难看出，很多时候我们为了抓住机遇，必须要主动出击，果断取舍，付出代价。唯有坚决果断的人，才能最大限度地发挥自身能力，也才能让自己如愿以偿地获得成功。

整个世界都处于永恒的变化之中，唯一不变的就是世界的变化。因而我们必须清楚地意识到，我们唯有努力尝试，慎重思考和取舍，主动出击，才能寻找和创造属于自己的机会。要知道，人生总是要迈步向前的。否则，人生就只能接受失败。

越是珍贵的机会，越是转瞬即逝

现实生活中，很多人都在抱怨命运不公平，也在抱怨自己没有得到更多的机会。其实，这样抱怨的人都是那些懒惰、拖延的人，面对机会，他们总是因为迟疑不决，导致自己与机会失之交臂。也因为内心的冷漠和懒惰，他们还时常对机会视而不见，正如人们常说的，机会只属于有准备的人，因而我们必须做好准备，才能最大限度地把握机会、创造人生。否则，等到机会与我们失之交臂，我们再去不停地抱怨，又有什么用处呢？而且，一旦懒惰和拖延成为人生的习惯，我们就更难把握住机会，这不是我们把机会拒之门外，又是什么呢？所以，在抱怨机会对我们避而远之的时候，在抱怨命运不公平的时候，不如先思考，事到如今，究竟是因为什么？假如是我们自身的原因，那么我们只有主动反省、积极改变，才能彻底把握机会。

正如《大话西游》中的那段经典台词一样，我们也可以说，曾经有一个千载难逢的好机会摆在我们的面前，我们却没有认真珍惜，直到失去才追悔莫及，人世间最让人懊丧的事情莫过于此。假如命运能够再给我们这样一次机会，在机会敲门的时候，我们一定会竖起耳朵、擦亮眼睛，动作迅速地抓住机会，如愿以偿地改变人生。

有个教士特别信奉上帝，他几乎每天都虔诚地向上帝祈祷，把自己的一切心愿和对生活的不满都告诉上帝。他总是相信，早晚有一天，上帝会现身来帮助他、拯救他的。

一年夏天，因为接连几天的瓢泼大雨，所以教士所在的村庄很快被淹没了，很多官员来到村庄里救援，把老百姓向外转移。在雨水淹没到人膝盖上面的时候，有个皮筏艇来到教堂外面，教堂里只剩下教士一个人，皮筏艇上的士兵冲着教士喊道："快上来，很快洪水会更严重的。"教士摇摇头，拒绝了士兵的请求，他坚信上帝会来救他。半天过去，上帝根本没有出现，又来了一艘小木船，船上的人也喊教士赶快上船，此时，水已经淹没窗户了。教士还是固执己见，拒绝上船，他要等着上帝来救他。

眼看着天色越来越晚，救援士兵也撤退了，只有直升飞机在天空盘旋，寻找最后需要救援的人。这时，洪水已经淹没了屋顶，教士正抱着教堂屋顶的十字架勉强支撑。对于直升飞机垂下来的救援绳，教士选择了放弃。他不停地祈祷，幻想上帝在危急关头一定不会置他于不顾。就这样，一个浪头猛扑上来，教士支撑不住，被卷入水中。

死后，教士来到天堂，看到上帝，不由得抱怨上帝："仁慈的主啊，我在洪水中等待着你的救援，但是你却抛弃了我。"上帝哭笑不得，说："我先是派了皮筏艇，后又派了小木船，最后还派了直升飞机去救你，你都拒绝接受，让我有什么办法呢！"教士这才恍然大悟，不由得懊悔不已。

对于上帝给的三次机会，教士都放弃了，因此他最终被洪水淹没，真正见了上帝。这个故事虽然是不真实的，但是却告诉我们一个深刻的道理。任何时候，我们都要学会抓住机会，更要能够辨识出机会。有的时候，机会并非是以直接的面目出现，而是变幻出各种面貌，所以我们必须准确辨识机会，才能集中力量抓住机会。越是珍贵的机会，越是转瞬即逝。我们必须当机立断，不能有丝毫的犹豫，这样才能果断抓住机会，彻底改变命运。

当然，要想抓住机会，我们就要主动寻找和创造机会。要想做到这一点，我们必须杜绝几个致命的弱点。首先，我们不能守株待兔等待机会，而要主动寻找机会。其次，我们面对机会时必须当机立断，不能一味地优柔寡断，导致错失机会。最后，我们必须意念坚决，千万不可摇摆不定、犹豫不决。细心的人会发现，大多数成功者都是能够果断抓住机会的人。而大多数失败者，总是面对人生举棋不定，又谈何把握机遇呢？其实，人的一生大多数时候都是平淡的，偶尔面临人生际遇和转折，我们必须破釜沉舟、誓死一搏。唯有如此，我们才能最大限度地减少生命中的遗憾，让自己的人生变得充实。

机会来临时，你做好准备了吗

对于愚蠢的人，机会总是悄悄从他身边溜走；对于聪明的人，机会总是出现在他目力所及的地方；对于成功的人，机会总是恰到好处地被他挖掘出来，成就他的人生。那么，当你抱怨别人总是遇到好机会，而自己却总是很倒霉的时候，你有没有反省一下自己属于哪种人呢？机会真的非常神奇，当人们身陷绝境、落魄潦倒的时候，它总是从“疑无路”来，给人带来“柳暗花明”的美景。机会之所以偏向强者，是因为强者不管什么时候都不会放弃，始终做好迎接机会到来的准备。人们常常用“千载难逢”来形容好机会，的确如此，好机会就是千载难逢的。如果你自艾自怜，总是牢骚满腹，那么也许一晃眼的功夫，机会就从你身边溜走了。所以，永远不要抱怨，因为抱怨根本于事无补，它唯一的作用就是让你更加沮丧，从而失去理智，使你错失抓住机会的宝贵瞬间。

每一个人的成功背后都付出了异于常人的努力。我们常常看到别人被鲜花拥簇的笑脸，却忽略了那个人在背后默默承担的辛酸和付出。大家都知道杨利伟是中国航天第一人，却不知道他在接受航天员选拔的时候就已经过五关斩六将了，更不知道飞天之前的残酷训练是很多人都无法忍受和坚持下来的。大家都知道《本草纲目》，李时珍因此在医学界赫赫有名，却不知道他为了完成《本草纲目》，一生之间走遍了万水千山，历经辛苦。大家都羡慕歌星光鲜亮丽的生活，却不知道他们为了保护嗓子，把很多美食拒之门外，还要不分严寒酷暑地勤奋练功。正所谓台上一分钟，台下十年功。虽然我们不一定能够成为伟人，或者是歌星，但是普通人的人生之中也依然有很多机会需要牢牢抓住。当你遭遇困难想要放弃的时候，当你疲惫不堪想要休息的时候，当你遭受非议被人误解的时候，当你……总之，任何时候，你都要做好准备，只有这样，才能抓住千载难逢的机会。

正是因为成功者看到了常人所没有看到的机遇，所以才能抓住机遇改变人生。如果你也想成功，那么就要时刻做好成功的准备，事事留心，才能成就不凡。

你不果断点，机会就会悄悄溜走

好机会有三个特点：一是隐藏得很深，必须拥有火眼金睛才能发现；二是千载难逢；三是转瞬即逝。现在，让我们来探讨如何才能抓住转瞬即逝的好机会。很多人都在游戏厅玩过抓泥鳅的游戏，几个泥鳅从土里冒出来，你必须眼疾手快，赶紧抓，才能抓住。一旦你稍有迟疑，这些泥鳅或者藏到洞里，或者从你犹豫不决的手心里溜走。机会也像泥鳅一样，不常见，不容易抓住。都说狡兔三窟，机会却会化作无形。古人曾经说过，要想成就一件事情，必须具备天时地利人和。社会生活也是如此，很多事情都受到各种各样因素的制约，所以，有的时候第一眼看去是机会，等到第二眼看去时，其中一个微妙的因素发生了改变，机会就不复存在了。

在人的一生之中，面对机会的次数很多，有的时候机会无知无觉地就溜走了，有的时候明明看到了机会，却因为迟疑与机会失之交臂。人的命运，很可能因为得到或者失去一次机会就彻底改变了。由此可见，机会对于我们的人生是多么重要。

很久以前，村子里有个生活富裕的农夫，他还有一个美若天仙的女儿。很多年轻人都暗恋农夫的女儿，但却不敢说出口。只有一个年轻人，他一无所有，却鼓起勇气去向农夫求婚。农夫看了看年轻人，心里暗暗赞许他很有勇气，便对他有了几分赏识。为了给年轻人机会，农夫说："我们去牧场里，如果你能从我接连放出的三头公牛里抓住其中任何一头公牛的尾巴，我就把女儿嫁给你。"就这样，年轻人跟随农夫来到牧场。

年轻人站在牛栏的门口，心里忐忑不安。很快，牛栏门被打开了，第一头公牛不顾一切地冲了出来。这头牛比年轻人看到的任何牛都强壮，年轻人惊呆了，眼睁睁地看着第一头牛从他身边呼啸而过。他定了定神，暗暗想道："第二头牛怎么也不会比第一头更强壮，我就抓第二头吧。"没过多久，第二头牛也冲了出来。这头牛不但体型庞大，还非常凶猛。它的角那么长、那么锋利，似乎能把人的肚子戳破。年轻人心惊胆战，想道："天啊，我不能把命葬送了。"正在他琢磨的时候，第二头牛雄赳赳气昂昂地从他身边飞奔而过。然而，想到农夫美若天仙的女儿，他下定决心要抓第三头牛的尾巴。当牛栏再次打开的时候，年轻人高兴极了，因为从牛栏中慢腾腾地走出了一头瘦弱的公牛。他暗暗窃喜："我总算没白等啊，这头牛看起来友善多了。"正当他从容不迫地想要抓住第三头牛的尾巴时，他追悔莫及。原来，这头牛根本没有尾巴，只有光秃秃的屁股。

故事中的年轻人虽然很勇敢，但是却不够果敢。他错过了第一头牛和第二头牛，虽然准备不顾一切地抓第三头牛的尾巴，却不知道自己已经被剥夺了第三次选择的权利。这就是机会，原本你以为机会就被你握在手心里，最终却发现机会已经悄悄溜走了。

生活中，我们很多时候就和事例中的年轻人一样，想要获得成功，然而在面对机会的时候却不够果决，最终导致机会悄悄溜走，虽然我们追悔莫及，却于事无补。实际上，生活中不是缺少机会，而是你不够果断，常常错失机会。面对机会，一旦我们想好了，就要毫不迟疑地去做，患得患失是干不成大事的。与其等到机会溜走的时候再后悔，不如一鼓作气抓住机会，即使失败了也不会懊悔。

年轻就是创业的最佳时机

年轻常常与冒险为伍，你是否有过冒险的经历呢？许多年轻人在大学毕业后靠着家里的关系进了国企、民营企业，拿着一份不菲的薪水，每天过着擦桌子、看报纸的安逸生活。尽管生命还有很长的一段路，但他们却早早地过着衣食无忧的生活。或许，这是上天的眷顾，然而，这也是上天的考验。太年轻就选择停滞不前，人生最终也不过如此。年轻人就应该富有冒险家般的精神，大胆创业，即使失败了也可以重来。

罗马纳·巴纽埃洛斯是美国第34任财政部长。但在最初，她只是一位贫穷的墨西哥姑娘，16岁就结婚，后来失去了丈夫的支持，独自抚养两个儿子。但是，她那时就决心谋求一种令她自己及两个儿子感到体面和自豪的生活。于是，在梦想的支撑下，她口袋里装着7美元，带着两个儿子乘公共汽车来到洛杉矶寻求更好的发展。

最初巴纽埃洛斯做洗碗的工作，后来找到什么活儿就做什么，拼命攒钱直到存了400美元后，便和她的姨母共同经营玉米饼店，结果非常成功，并开了几家分店。后来，她经营的玉米饼店发展成为全国最大的墨西哥食品批发商，拥有员工300多人。

在经济上有了保障之后，巴纽埃洛斯便将精力转移到提高美籍墨西哥同胞的地位上。她和许多朋友在东洛杉矶创建了“泛美国民银行”。这家银行主要是为美籍墨西哥人所居住的社区服务。如今，银行已大获成功，但她的成功确实来之不易。

当初，有人告诫巴纽埃洛斯说：“美籍墨西哥人不能创办自己的银行，你们没有资格创办一家银行，同时永远不会成功。”就连墨西哥人也说：“我们已经努力了十几年，总是失败，你知道吗？墨西哥人不是银行家呀！”但是，她始终不放弃自己的梦想，努力不懈。

后来，这家银行取得伟大成功的故事在洛杉矶传为佳话，巴纽埃洛斯也成为美国第34任财政部长。

创业是一切成就的起点，只有确立了前进的梦想，年轻人才能最大限度地发挥自己的潜力。确立了梦想后，更需要行动起来，只有在实现梦想的过程中，我们才能够检验出自己的创造性，调动沉睡在心中的那些优异、独特的品质，才能锻炼自己、造就自己。爱因斯坦曾说：“想别人不敢想的，你已经成功了一半。做别人不敢做的，你会成功另一半。”

成功是没有秘诀的，敢想敢做，给自己定一个创业目标，然后努力，全身心努力，总会有收获。敢想可以使一个人的能力发挥到极致，也可以逼得一个人贡献出一切，排除人生道路上的所有障碍。年轻人千万不要抱怨自己运气不够好，因为唯有行动才能够改变自己的命运。行动就是力量，十个空洞的幻想不如一次实际行动。

年轻人创业，最重要的就是勇敢尝试，敢于不计后果，不要过多地顾虑，敢于想到什么就马上去实践，哪怕有时需要承担一些风险，也要勇敢地去尝试创业。尝试创业就有可能取得成功，不敢去尝试，那就永远也不可能成功。

天道酬勤，勤勉的人总能闯出一片天地

有人甚至给那些懒惰的人下定义为：把不愉快或成为负担的事情抛在脑后，或推迟做。如果你是一个懒惰的人，那生活中的你很多时候都在浪费时间、无所事事，即便是做一件事情，也是担心这个担心那个，或者找借口推迟行动，结果往往错失了机会和灵感，到了最后，嘴里却抱怨上天的不公平。正所谓“天道酬勤”，克制自己内心的惰性，当自己想偷懒的时候，鼓励自己再坚持一下，这样我们就可以如期完成目标了。

懒惰不仅是一个人成功的大敌，而且是一个人不良情绪的源头。在充满困难与挫折的人生道路上，懒惰的人过着极为单调的生活，在他们的生活里，只习惯于等、靠、要，从来不想发现、拼搏、创造，最终，他们不仅错过了多姿多彩的生活，

而且将一事无成。

巴菲特是一个勤勉的人，在他童年的时候，他的追求是成为一个勤勉刻苦的报童。他曾一度每天要走5条路线递送500份报纸，主要是投送给公寓大楼内的住户。通常小巴菲特下午5：20出发，坐上开往马萨诸塞大街的公共汽车。有几次，巴菲特生病了，母亲不得不代替他去送报纸，母亲说："取报纸、送报纸对他来讲真是太重要了，任何人都不敢碰他放钱的抽屉，一个硬币都不能动。"当成年的巴菲特再次回忆自己送报纸的经历，他这样说："如果当年我不能成为一个勤勉的报童，又怎么会成为最成功的投资家呢？"

中国有句古话：一屋不扫，何以扫天下？与巴菲特所说的话是一样的道理，当我们不能勤勉地工作，又怎么会为日后的成功打下基础呢？那些"一屋不扫"的懒惰者，最终会被埋葬在一屋子的灰尘中，再也发不出闪亮的光芒。

拒绝懒惰，努力才有可能成功。很多人对未来都有美好的愿望，但就是拒绝付出努力。那些懒惰的人实际上是在否定自己，把自己的生命一点点变得虚无。每个人都知道，懒惰作为一种习惯，浪费掉的是拯救自己的机会，是比任何东西都宝贵的生命。懒惰是理想的绊脚石，每个人的生命和时间是有限的，有多少是因为懒惰而浪费的呢？

美国底特律有位妇人，名叫珍妮，她原本是一位极为懒惰的妇人。后来，她的丈夫意外去世，家庭的全部负担都落在她一个人身上。她不仅要付房租，而且还要抚养两个子女。在这样贫困的环境下，她被迫去为别人做家务。她白天把子女送去上学后，便利用下午的时间替别人料理家务。晚上，子女做功课，她还要做一些杂务。就这样，懒惰的习惯渐渐被克服了。

后来，珍妮发现许多现代妇女外出工作，无暇整理家务，于是她灵机一动，花了7美元买来清洁用品并印刷了传单，为所有需要服务的家庭整理琐碎家务。这项工作需要她付出很多的精力与辛劳，但她勤勉工作，把料理家务的工作变成了专一技能，后来甚至连大名鼎鼎的麦当劳快餐店也找她代劳。

现在她已经是美国90家家庭服务公司的老板，分公司遍布美国很多个州，雇用的工人多达8万人。

珍妮的成功事例告诉我们，人们的贫穷大多是由于懒惰、贪图安逸、不愿意奋斗而造成的。假如一个人不愿意奋斗，自甘过着贫穷的生活，那他就永远无法摆脱困境，连上帝也没办法拯救他。

在现实生活中，有许多人贪图安逸而不愿意吃苦受累，时间长了，人就变得懒惰了。懒惰是生活中最大的敌人，许多悲剧都是因懒惰而造成的。命运的好坏完全取决于自己，假如我们选择了勤劳，那我们通过自己的努力一定可以得到幸福，即便只有一点点是自己创造出来的，那也是一种幸福；假如我们选择了懒惰，那我们将终身和不幸、厄运、灾难成为伙伴，永远会是一个失败者。

有人说：“世界上能登上金字塔顶的生物只有两种：一种是鹰，一种是蜗牛。不管是天资奇佳的鹰还是资质平庸的蜗牛，能登上塔尖，极目四望，俯视万里，都离不开两个字——努力。”若是缺少了勤奋的精神，即便是天资奇佳的雄鹰也只能空振双翅，而若是有了勤奋的精神，即便是行动十分缓慢的蜗牛也可以俯瞰世界。靠着自己的双手去生活，远比依赖别人要踏实得多。在这个世界上，有太多懒惰的人，他们不思进取，总想着天上掉馅饼的事情发生在自己身上，最终却被自己的懒惰贻害一生。俗话说：“早起的鸟儿有虫吃。”只要自己勤奋，我们就一定会拼搏出属于自己的一片天空。

比别人快一步，成为第一个吃螃蟹的人

人们都想成功，但却很少有人愿意为成功付出努力。那些成功者之所以会成功，是因为他们即使害怕也会行动，而大多数人正是因害怕而没有作为。约翰·沃纳梅克——美国出类拔萃的商业家这样说过：“没有什么东西是你想得到就能得到的。”成功的人与那些蹉跎人生的人的最大区别就是行动。如果你能追溯那些成功人士的奋斗之路，你就会感叹：“难怪他会做得这么好！”怎么样的行动能获得最大的成功呢？是马上行动！只要你敢于迈出别人不敢迈出的那一步，你就能比别人

快半拍，就能成为第一个吃螃蟹的人。

因此，我们要想成功，就应该做到敢为人先，就要认识到行动的重要性。现代乃至未来社会，执行力就是竞争力，成败的关键在于执行。

人生目标确定容易实现难，但如果不去行动，那么连实现的可能也不会有。没有行动的人只是在做白日梦，所以心动不如行动，勇于迈出行动的第一步，你成功的概率就会提高，而光想不做，那你将永远没有实现计划的可能。

在科技发达的今天，谁都想要比别人快半拍。领先他人的方法众多，有些人采取的是技术领先，有些人胜在信息渠道众多，但无论如何，只要你在某一方面是他人无法企及的，你就掌握了取胜的武器。日本的索尼公司就是不断推出新产品，经常享受“垄断”所带来的厚利而成长起来的。

索尼公司从20世纪50年代中期开始成长。它们不断推出一些市场上不曾有过的产品，如电晶体收音机、电晶体个人专用电视机等，由于索尼公司对市场引导的先锋性，以致于每推一种新产品，其他大公司都会静观其行，如果成功了，它们马上推出相似产品上市。如此，索尼公司必须具有先锋性的创意，才能保证有足够的发展动力。

某一天，索尼公司总裁盛田昭夫看到一个职员一手提着手提式录音机，一手拿着耳机，看起来不太开心，盛田昭夫问他有什么心事，他说：“我喜欢听音乐，可提着听太不协调了。”一个创意很快来到盛田昭夫的脑子里——制一个能够随身携带的录音机。在一次产品策划会议上，这个创意普遍不受欢迎，但盛田昭夫坚持尝试。不久，第一架带着小型耳机的实验品送来了，灵巧的尺度与高品质的音效使他很开心。1979年索尼推出第一台随身听。

很快地，这种小型录音机供不应求，索尼借助广告来刺激销售，而且试制了不同机型，如防水、防尘机型，甚至有更多改良的机器型号。当然其效果是明显的，连著名指挥家卡拉扬、音乐名家史坦恩都找盛田昭夫订购，也许正因为如此，索尼公司才能跻身于全世界最大耳机制造商之林，在日本也占有将近50%的市场。

开辟一个全新的市场，还担心别人的竞争吗？在他人已经涉足甚至做得如火如荼的行业里努力，远不如独自开辟一个市场更容易成功。比尔·盖茨曾经说过：“微软处处领先，我能成为世界首富，靠的就是不断地更新。我们要做第一个吃螃蟹的人，就要保证我们自己而不是别的什么人将我们的产品更新换代。对于一个企业来说是如此，对个人来说也是如此。”

不难发现，在我们周围，很多人都对未来做出了各种各样的构想，但真正执行的人却少之又少。每每考虑到会有失败的可能，他们就退缩了。因为他们怕被扣上愚昧的帽子，遭到别人取笑；他们不敢爱，因为害怕不被爱的风险；他们不敢尝试，因为要冒着失败的风险；他们不敢希望什么，因为他们怕失望……这种可能会遇到的风险，让他们畏首畏尾、举步维艰，他们茫然四顾，不知道自己的出路在何方，殊不知，如果他们连第一步都不敢开始，他们永远不可能看到追求人生目标之路上的风景。

杰克·韦尔奇曾如此说道：如果你有一个梦想，或者决定做一件事，那么就立刻行动起来；如果你只想不做，是不会有所收获的，而你也只会落得失望的结果。

世间的事情没有一件绝对完美或接近完美，如果要等所有条件都具备以后才去做，就只能永远等待下去。如果一个人一直在想而不去做，就根本成不了任何事。

如果你热爱什么，就大胆地去做吧。例如，在学习上，选择对你有意义并且能让你快乐的课，不要只是为了轻松地拿一个A而选课，或选你朋友上的课，或是别人认为你应该上的课。

总之，你需要记住，千里之行，始于足下；不积跬步，无以至千里；不积小流，无以成江海。凡事要想做大，都得从小处做起，从眼前最基本的事做起。如果一个人有远大的理想，却不愿意一步一步去努力，那他永远也不会有美梦成真的那一天。

第5章
梦想之路很漫长，勇敢坚持才能抵达远方

生活中，我们发现，很多人在为梦想拼搏的路上失败了，这并不是因为他们缺乏智慧、能力、机会或才智，而是因为他们在追求成功时没有坚持下去。所以当生活中发生一些小插曲时，不要埋怨，不要心灰意冷，就算失败了，也不需要沮丧，那只不过是不断茁壮发展过程中的一幕，只要拥有积极的心态和足够的热忱去面对，并坚持下去，生活的热土上将又是一片无限的生机。

只要精神不倒，我们就能永远屹立

在海明威的《老人与海》中，圣地亚哥老人虽然钓到了一条大马哈鱼，但却遭到了鲨鱼的袭击，在与鲨鱼奋战几天几夜之后，他最终拖着这条大马哈鱼的骨架子精疲力尽地回到家里。难以想象，一个人在海上，没有食物，只有少量的水，圣地亚哥到底是如何奋力坚持下来的。其实，他靠的就是一种顽强不屈、绝不认输的精神。正如他所说的，一个人尽可以被打倒，但是不能被打败。从他的话中，从他的经历中，我们不难发现，一个人是否能够傲然挺立于天地之间，实际上就取决于心中的那口气。只要精神不倒，我们就能永远屹立，一切外在的困难都无法打倒我们，除非我们的生命结束。

人生在世，不如意的事情十之八九，很少有人的一生是一帆风顺的。也许有些人会说，看看那些成功的人，他们总是能够得到命运的眷顾。其实不然，成功的人非但没有得到命运的眷顾，他们之中的大多数反而遭受了更多的磨难。正因为如此，他们才能意志如钢，在从艰难坎坷中走出来之后，再也不轻易认输。很多人都曾读过普鲁斯特的《追忆似水年华》，对于普鲁斯特的闲情逸致，大多数人都觉得难以想象，他们理所当然地认为普鲁斯特的人生是悠闲安适的，才会那么文艺、那么悠然。如果整天都奔波忙碌，如何有时间去书写浪漫和遐思呢？其实不然。很多时候，人生的状态取决于我们的心态，而非人生的状态决定我们的心态。每个人都是有理想的，有很多女孩希望拥有三毛那样的浪漫人生，也有很多男孩憧憬着自己能像徐霞客一样游走天下。然而，在与现实的残酷较量中，只有很少的人最终实现了人生的理想，大多数人选择向现实妥协。

人们都说岁月是把杀猪刀，其实真正的杀猪刀不是岁月，是而生活。在生活中消磨的时间长了，人们原本柔软细腻的心灵就会变得越来越粗糙，甚至是麻木。曾经的小资情调，曾经的坚强不屈，在生活的磨砺中渐渐远去。最终，我们只对赚钱感兴趣，再也找不到内心深处涌动出来的热情与激情，甚至感动也渐渐少了。所以最重要的就是要保持一颗赤子之心，像圣地亚哥老人一样，哪怕命运坎坷，遭遇无数磨难，也依然坚信自己不会被打败。

1864年9月3日，一连串的巨响，让原本宁静的斯德哥尔摩市郊震撼了。随着滚滚的浓烟冲上天空，火苗肆虐，直往天上蹿跳。在这短短的几分钟时间里，一场惨祸毫无征兆地发生了。人们心惊胆战，赶紧赶赴事故现场查看情况。只见现场火舌肆虐，原本屹立着的一座工厂，如今转眼之间变成了一片废墟。一位30多岁的年轻人目瞪口呆地站在一边，看着现场的惨烈景象，脸色苍白，浑身颤抖。这位年轻人大难不死，后来为世界做出了巨大的贡献，他就是举世闻名的化学家诺贝尔。

诺贝尔亲眼看着自己一手创建的实验工厂在大火中变成灰烬。更加惨痛的打击接踵而至，在这次灾难中，诺贝尔正在读大学的弟弟以及他的4位亲密助手，全都被烧得失去人形、面目全非。得知小儿子去世的噩耗，诺贝尔的老父亲突发脑溢血，导致瘫痪，他的母亲更是伤心欲绝。然而，为了伟大的科学事业，诺贝尔为科学献身的精神毫不动摇。

警察当即封闭了惨案现场，而且严令禁止诺贝尔恢复工厂。看到诺贝尔，周围的人们更是如同看到瘟神，更没有人愿意再出租土地给诺贝尔进行这么危险的科学实验。面对这么多的挫折和冷眼，几天之后诺贝尔在远离市区的马拉仑湖上，租用了一艘平底驳船再次展开实验。他独自一人、全神贯注地投入实验。在他的勇气面前，死神也胆怯了。在无数次充满危险的实验中，诺贝尔非但没有炸毁驳船，反而发明了雷管。对于爆炸学而言，这是一次质的飞越。后来，他在德国的汉堡等地成立了炸药公司，他所生产的炸药简直供不应求。

如今的世界上，还有谁不知道诺贝尔奖呢？但却很少有人知道，作为诺贝尔奖的设立者，化学家诺贝尔在科学研究的道路上付出如此惨痛的代价。假如他在遭遇挫折的时候选择放弃继续进行如此危险的科学实验，那么世界的进步就会推迟很长时间，诺贝尔本人也不可能获得如此至高无上的成就和荣誉。

当然，诺贝尔的科学研究不是为了自己，而是为了整个人类。正因为他具有打不倒的精神，他才能在世界历史上留下自己的名字，供后世的人敬仰。

实现梦想需要漫长的过程，我们一定要怀着赤子之心，才能保持热情和激情去坚持梦想。有些人觉得社会变化太快，其实不管社会如何变化，只要我们拥有赤诚之心，只要精神不倒，就能够对抗残酷的现实，永远向着梦想前进。

每天坚持多做一点，终会有所成就

人生通往成功的道路是漫长的，每个人要想获得成功，都必须付出长久的努力，以顽强的毅力坚持不懈。职场上，很多人把工作做得风生水起、出类拔萃，他们与普通人之间有何区别呢？为什么他们能够获得成功，但是大多数人却都不得不承受失败呢？究其原因，他们只是比别人多了一些努力而已。最重要的在于，他们不是一朝一夕比别人更加努力，而是在人生漫长的旅途中始终坚持比别人更加努力，这样他们才能做到坚韧不拔、聚沙成塔。

在中国的传统中，很多人都秉持传统的理念，坚持“事不关己，高高挂起”的原则。实际上，在日常生活中，坚持这个原则的确能够帮助我们减少不必要的麻烦，但是在职场上，假如我们依然怀着这样的心态与同事、上司相处，那么日久天长，我们必然会给自己带来大麻烦。至少，我们会错失很多表现的好机会，也无法得到同事与上司的认可，导致不管什么时候都落后于人。

任何一家企业都是一个完整统一的整体。一个企业要想发展起来，必须团结每一位员工，并且要求每一位员工都像螺丝钉一样坚守好自己的岗位，同时也要对工作尽心尽力，持有团结合作的态度。倘若企业里人人都“各扫自家门前雪，不管他人瓦上霜”，那么这家企业内部必然如同一盘散沙，这个企业又如何在各种危急关头团结一致，渡过难关呢！当然，如今是市场经济时代，任何企业都不会养着闲人。一个员工要想在企业里出人头地，获得自己的地位，那么就必须努力付出，成为企业中无可替代的角色。唯有如此，企业中的每一个人才能齐头并进、并驾齐驱，从而带动企业不断向前发展。对于个人而言，整个人生也是一个整体。很多人终日浑浑噩噩、不思进取，唯独某一日突然奋发努力，这其实没有什么成效。因为努力必须坚持不懈，成功更要循序渐进。一时的努力和奋斗，无法彻底改变我们的命运，真正的聪明人会在每一天都坚持多做一点点，这样积少成多，最终一定能够有所成就。

前段时间，李冰跳槽到一家大型企业担任销售部经理的职务。不久前，他所在的公司要推出一款新产品，但是这款产品迄今为止还没有正式进行宣传。为此，公司上层决定在正式把该产品推入市场之前，先在老客户内部进行推广，这样一则能够促进资金流转，二则能够让老客户先对该产品形成一定的口碑。可以说，公司的目的是双赢，因此作为下面的执行人，李冰马上开始行动。

接到公司上层的命令后，李冰当即拜访他们的老客户甲公司。不过，此时快要下班了，甲公司的老板不在，接待人员因为急着下班，对李冰不冷不热的，而且还旁敲侧击让李冰赶紧离开，不要耽误他下班。为此，李冰虽然不高兴，但是却无计可施。后来，李冰顺道去了乙公司。他到达乙公司时，乙公司已经下班，幸好接待人员还在。和甲公司不同，乙公司的接待人员特别热情，尤其是当听说这次内部推广价格非常优惠，接待人员更是表现出很大的热情。他不但让李冰留下资料，而且还特意加了李冰的微信，让李冰晚上回去就把产品的详细资料发给他。当然，在李冰走后，这位接待人员也没有立即下班，而是马上与在外地出差的老板联系，从而得到老板的指示，做到心中有数。就这样，在收到李冰发来的详细资料后，这位接待人员也已经清楚了老板的决定，因而马上与李冰初步协商，签订协议。结果，借着这次李冰公司的内部推广机会，乙公司的接待人员以低价为公司订购了一大批材料，最终获得了高额利润。这次之后，乙公司的接待人员得到乙公司老板的赏识，被提拔为客户部经理。

现代职场，有很多人对待工作怀着“当一天和尚撞一天钟”的态度。他们从不愿意为了工作付出更多，每天距离下班还有很长时间，他们就等着下班。哪怕工作上还有事情没有处理完，他们也敷衍了事，不愿意多操一点点心。他们以这样的态度对待工作，很难得到好的效果。

人在职场，我们无须每时每刻都想着“老板发我多少薪水”。既然我们注定日复一日地工作，为何不能调整心态，让自己积极主动地面对工作，从而帮助自己积累更多的经验，也让自己赢得更多的机会呢？多想想“我能为老板做些什么”，这才是年轻人该有的工作态度。如今，整个世界都处于日新月异的发展和变化之中，我们也必须做到与时俱进，才能最大限度地发挥自己的能力。我们唯有每天都坚持多做一点点，才能在工作上积少成多、聚沙成塔，从而拥有更好的发展和更大的成就。

积累毅力，培养出坚韧不拔的精神

高尔基说：“哪怕是对自己的一点小小的克制，也会使人变得强而有力。”每个人都是有毅力的，可以说，毅力和克服困难相伴。换句话说，克服困难的过程，也就是培养、增强毅力的过程。在生活中，那些毅力不是很强的人，往往能克服小困难，而不能克服大困难，但不断地积累毅力，也可以使人有克服大困难的毅力。

大量事实证明，毅力是可以培养的，心理学家举了这样一个生动的例子：“今天，你或许挑不起100斤的担子，但你可以挑30斤，这就行。只要你天天挑、月月练，总有一天，即使100斤的担子压在你的肩上，你依然能健步如飞。”

古人云：“事当难处之时，只让退一步，便容易处矣；功到将成之候，若放松一着，便不能成矣。”在生活中，有很多事情，并不是仅仅依靠三分钟热情就可以做好的，也不是一朝一夕就能做到的，而是需要持之以恒的精神，我们必须付出时间和代价，甚至是一生的努力。当然，在这个过程中，我们需要忍耐、坚持、再坚持，以无限的意志力等待机会和成功的来临。

大量事实表明，人的目标行为的中止期大多发生在“半途”附近，那是一个极其敏感和脆弱的区域。半途效应是指在激励过程中达到半途时，由于心理因素以及环境因素的交互作用而导致的对于目标行为的一种负面影响。导致半途效应产生的原因来自两方面：一是目标选择不合理，有可能在选择目标的时候过大或过小，从而导致了半途效应；二是个人的意志力，意志力越弱的人越容易出现半途效应。如果你想干点什么，就一定要培养出坚忍不拔的精神。

那些做出巨大成就的人与常人的区别就在于，他们拥有较强的意志力，而并非他们有多么过人的本领。在大多数人不能坚持的时候，他们多坚持了一会；在大多数人想要放弃的时候，他们咬着牙坚持了下来。当然，由于其拥有过人的意志力，任何事情在他们面前，都变得简简单单。而对于我们来说，拥有过人的意志力，就可以事半功倍。

迎接挫折的过程，就是我们培养、增强意志力的过程。所以，挫折对于天才来说是一块成功的跳板，对强者来说则是一笔宝贵的财富。挫折与苦难是一所修炼人生的高等学府，你是否能顺利毕业则取决于内心是否拥有强大的意志力。

真正的梦想，值得我们用一生去坚持

每个人都有自己的梦想，或者说哪怕是原本没有梦想的人，只要想为自己设立梦想，那么很容易就能拥有梦想。和拥有梦想的过程相比，实现梦想的过程显得无比艰难。不管我们的梦想是什么，只要它高于我们的人生，我们就必须竭尽全力、不遗余力，才能最大限度地接近我们的梦想。当然，实现梦想并非是只靠顽强的毅力和坚韧不拔就能做到的，我们还需要天时、地利、人和等诸多有利因素的配合，才有可能实现梦想。由此可见，有梦想是远远不够的，我们还必须用尽一生去坚持梦想，才能真正实现梦想。

遗憾的是，现实生活中，很多人分不清楚梦想和爱好。很多人误以为自己是有梦想的，但是在追逐梦想的过程中，他们遇到困难就轻易放弃或改变自己的梦想，让自己的人生如同浮萍一样随波逐流。真正的梦想值得我们用一生去坚持，它就像是我们人生的引航灯，始终指引着我们人生的方向，让我们绝不轻易放弃。爱好则不同，生活中不乏有些人因为一时冲动产生了爱好，后来又因为畏惧艰难选择了放弃。由此可见，爱好是可以随时改变的，它无法指引我们的人生。

作为一位盲人，小林的人生是很坎坷和艰难的。他的爸爸是聋哑人，他的奶奶有慢性病，在生下小林并且发现小林目不能视之后，他的妈妈因为承受不起命运这样残酷的捉弄，最终选择离开家，远走他乡，再也没有回来过。所以，小林从小就没有妈妈，是奶奶和聋哑的爸爸抚养他长大。

到了18岁，小林已经成为一个大小伙子了，他很清楚自己不能继续留在家里和爸爸、奶奶一起干农活，而要勇敢地挑起家庭的重担，去外面打工挣钱，改变家里贫困的面貌。为此，他带上奶奶四处借来的盘缠，离开家，开始打拼人生。然而，大城市的生存原本就很艰难，更何况是对于小林这样的盲人呢！小林做过很多工作，吃了很多苦，最终知道盲人按摩在大城市很受欢迎，因此他决定去学习按摩。他不想成为一个半路出家的按摩师，他把自己的梦想设定为成为正宗的盲人按摩师。为此，他用打工几年辛苦挣到的钱给自己付了学费，从此进入盲人按摩学校学习。这一学，就是3年。虽然他可以只学习几个月成为盲人按摩保健师，但是他始终坚持梦想，想要成为一名真正的按摩师。3年之后，他对于人体的筋络都很熟悉，而且按摩的手法也日渐成熟。最终，他去到一家按摩店成为按摩师，这一干又是五六年。后来，因为他技法娴熟，力道恰到好处，有很多客户都专门点名让他按摩，还有些客户会额外给他一些小费呢！

此时，小林不再满足于给他人打工，而是想要成立属于自己的按摩店。为此，他拿出所有积蓄，租下小小的门店，从几张按摩床开始做起，最终拥有了十几家连锁按摩店。不得不说，小林正是在梦想的指引下才获得成功，而他的成功与他坚持梦想也是密不可分的。

每一个小小的梦想，都需要我们用一生去坚持。小林如果不是坚持想要成为真正的按摩师，而只想着对人生糊弄了事，那么也许他现在还只是一个不入流的按摩师呢！幸好，小林非常坚强，也很有毅力，所以他才能够在实现梦想的道路上坚持不懈，最终让自己的人生获得真正的成功。

你们有梦想吗？你们可曾像小林一样，为了梦想坚持不懈呢？现实生活中，我们总是羡慕成功者人前的光鲜亮丽，却不知道成功者之所以成功，是因为他们在坚持梦想的道路上从未动摇，更未放弃过。假如你们曾经背弃过梦想，也遭遇了失败的折磨，那么从现在开始就要努力坚持梦想，绝不放弃梦想。唯有用一生去坚守梦想，我们的人生才能越来越接近成功，我们的未来才会辉煌灿烂。

飞速奔跑，不断跨过人生的重重挑战

当你走在路上的时候，天上突然下起大雨，有伞的人拿出雨伞，在头顶撑开，悠然自得地在雨中漫步。你没有伞，又该如何是好呢？曾经有人说，既然前面也在下雨，我不如慢慢地走，也有人说，既然我没有伞，我就要努力奔跑，这样才能躲避雨水的浇淋。的确，虽然前面也在下雨，但是一个没有伞的人是否奔跑，其结果是截然不同的。努力奔跑，可以让我们很快就跑回家里，避开大雨。但是慢慢吞吞地走着，却会让我们被大雨淋的时间更长，轻则伤风感冒，重则引发肺炎等疾病，甚至危及生命。由此可见，在雨地里，作为没有伞的人，我们必须飞速奔跑，才能避免自己受到伤害。

曾经，每到新学期开学，要交学费的时候，他都觉得心中无比沉重。拿着父亲东拼西凑、东借西借而来的几千元钱，他很清楚等到自己交完学费后，整个学期都不得不依靠仅剩的几百元钱度日。他知道，对于年迈的父亲而言，这已经是拼尽所能了。看着父亲担忧的目光，他总是微笑着安慰父亲：“爸爸，放心吧，我有手有脚，我能养活自己。”他看着父亲，勉强压抑住心酸的泪水，但一转身，却忍不住泪流满面。

他穿着破旧的球鞋走向学校，从家到学校，要走100多公里的山路，他都是用脚步丈量的。来到县城之后，他才能花费几十元钱坐车，去到学校。这样一来，他仅剩的几百元生活费，就又少了几十。从开学的第一天起，他就顿顿馒头咸菜，只能喝白开水，就连两毛钱一碗的清水粥，他都舍不得喝。

每天，看着同学穿着名牌衣服，拿着几千元钱的苹果手机，动辄去外面的餐馆里胡吃海喝，他只能绞尽脑汁地想自己如何才能靠仅剩的几百元钱，度过漫长的一个学期。为了节省开支，他每天只吃早晚两顿饭，中午就喝点儿水。即便如此，他的钱也不够维持一个学期的生活费用。为此，他思来想去，下定决心要自己挣钱养活自己。他拿出100元钱，从一个同学那里买了一个很久不用的二手手机。第二天，学校的宣传栏里就出现了他亲手写的广告："代跑腿服务：代打饭、打水，给女朋友送花、送信，保证效率。校园内一次只要1元钱，校园外1公里以内，每次2元钱。"渐渐地，他的业务越来越繁忙，他必须每天争分夺秒地奔跑，才能在学习之余兼顾业务。就这样，他不但挣出了自己的生活费，还把下学期的学费也挣出来了。当父亲听他说不要学费时，满是皱纹的脸瞬间绽放如菊。

别人的大学都是舒适惬意地度过的，他却是在奔跑中度过的。随着他的诚信经营，他的生意越来越火爆，他奔跑的速度也越来越快。下一个学期，他把自己努力挣到的2000元代跑腿费用寄给了父亲。随着生意越做越大，他一个人已经忙不过来了，因此他招募了几个同样家境贫寒的学弟学妹，开始做校园代理生意。此时，他已经成为校园里的名人。大四毕业前夕，当其他同学都在为找工作烦恼时，他已经成为地地道道的老板，有了自己稳定的业务。对于他的成功，父亲感慨唏嘘，他却对父亲说："爸爸，你虽然没有给我富裕的生活，但是你给了我善于奔跑的双腿。这就是我一生的财富！"

对于一个生活非常艰难、甚至食不果腹的农家孩子而言，现代的大学校园生活的确是太残酷了。尤其是当看到其他同学全身名牌，动辄花天酒地的时候，可想而知这个孩子该有多么失落。幸好，他不但有善于奔跑的双腿，而且有不甘认输的心。最终，他用奔跑的双腿跑遍整个校园，而且也走出了独属于自己的人生之路。

没错，父母能够给予孩子的，不是多少金钱和财富，而是勤劳的双手和双腿，以及灵活的思想和永不服输的精神。任何时候，我们唯有更加积极主动地面对人生的挑战，改变命运，才能最终成就自己成功的人生。

不管是刮风还是下雨，如果没有伞，千万不要慢慢踱步，赶快奔跑起来吧，也许前面是艳阳高照呢！要想收获充满奇迹的人生，我们就要奔跑、奔跑、不停地奔跑！

中途退出的人，注定一事无成

一位心理学家进行过一个有趣的实验，他把跳蚤放进没有盖盖的杯子里，跳蚤很轻松地就跳了出来，然而等到心理学家再次将跳蚤放进杯子里，并且用透明的玻璃盖盖住杯子之后，跳蚤每次往上跳都会碰到玻璃盖，也就无法成功逃离杯子的禁锢。如此几次三番之后，即便心理学家取掉玻璃盖，跳蚤却已经放弃努力，听天由命地待在杯子里，再也不进行任何的努力和尝试，最终被困死在杯子里。为何跳蚤不再尝试逃脱杯子呢？就因为它几次碰壁，便以为再也没有可能成功突围，所以放弃了努力。其实，这种现象在生活中也很常见。成功总是能够激励人们更加努力，然而有些信心不够充足也没有顽强毅力的人，一旦遭遇小小的失败，就会从此受到失败的禁锢，再也不愿意突破和超越自我，更不愿意继续不断尝试。最终，尽管限制他们发展的瓶颈已经不复存在，他们却也无法提起精神来继续努力和尝试，由此使人生遭到禁锢，最终一事无成。

细心的人会发现，那些成功人士之所以能够获得成功，并非因为他们具有多么显而易见的过人之处，也并非因为他们总是能够战胜困难，而是因为他们一旦认准了目标，就不会在各种障碍和困难面前轻易放弃。他们总是百折不挠，挫折只会让他们越挫越勇，而不能使他们半途而废。相反，他们还能够从接踵而至的失败中总结经验和教训，从而努力提升自身的能力，帮助自身不断完善，成为真正的强者。

古代，乐羊子离开家乡，辞别妻儿，独自外出求学。因为出门在外的生活实在太艰难了，也因为求学的道路充满坎坷，他很快就开始思念家乡，想念妻子儿女，因而最终于求学一年之后放弃求学，回到家乡。当风尘仆仆的乐羊子回到阔别已久的家中时，妻子正在织布。看到乐羊子背着沉重的行李走进家门，妻子丝毫没有觉得惊喜，而是满脸诧异。她问："你怎么回来了？学业结束了吗？"乐羊子笑着说："我不想继续求学了，我想回到家里守着你和孩子。"妻子一语不发，拿起身旁用来剪切布匹的锋利剪刀，二话不说把自己正在编织的一块精美布匹剪断了。

乐羊子心疼不已，要知道这可是妻子辛辛苦苦、昼夜不息才编制出来的布匹啊，家里还指望着这块布匹卖钱呢。为此他疑惑地喊道："这块布匹马上就要完成了，你为什么要这么做啊！"妻子严肃地说："这块布匹的确即将完工，但是因为我从中间将其剪断，所以它就成为了毫无用处的废物。你求学也是这样的道理，学业进行过半，你却选择放弃，那么无疑于前功尽弃，前面所有的努力也就白费了。现在的你，就像这块已经成为废物的布匹一样，再无半点用处。"妻子的话让乐羊子陷入沉思，他马上理解了妻子的苦心，因而说："放心吧，我会继续努力的，我现在就回去，继续学业。"说完，乐羊子背起行囊再次踏上求学之路。

妻子一语惊醒梦中人，使乐羊子知道学业半途而废的严重后果。尽管妻子为此毁坏了自己辛苦编织出来的一块布匹，但是如果能换取丈夫的远大前程，也是值得的。从此也不难看出，乐羊子的妻子是一个深明大义的女人，可以说乐羊子学有所成与妻子的督促和鞭策也是分不开的。

做任何事情都忌讳半途而废，倘若从头就没有开始，那么至少还不曾付出，是决绝的放弃。但是如果事情已经进行到一定程度，则已经付出了很多，这个时候再选择终止，无疑会导致前功尽弃，损失惨重。而且，做事情一定要有头有尾，如此半途而废，长此以往还会导致人们失去自信心，也会使人们更加偏离既定目标，导致人生没落。总而言之，人生之中做任何事情，都必须有坚持到底的精神，如果一旦遇到小小的挫折就半途而废，则人生注定一事无成。

请别焦躁，你只需要努力即可

我们都知道，任何事情的发展都是有规律的，人们的主观愿望与实际生活也总是有差距的。就像自然界的植物，它们的成长需要每天进行光合作用，需要接受甘露的灌溉，才能获得成果。其实，不仅是植物的成长，我们所做的每件事都是如此，是有一定规律的，我们需要做的只是努力，剩下的一切就交给时光。这是一种大气和洒脱，是一种从容和淡定。

当下的你可能正处于困惑之中，可能你对现在所从事的工作感到迷茫、觉得毫无起色，但是你可曾问自己：我做到百分之百的努力了吗？如果答案是肯定的，请别焦躁，该有的总会有，成功总有一天会找到你。

所以，我们千万不可把自己的主观意愿强加于客观的现实中，我们应该学会随时调整主观与客观之间的差距。凡事要顺其自然。

从前，宋国有个农民，他做事总是追求速度。对于田间的秧苗，他总觉得长得太慢，于是，他闲来无事时，就会到田间转悠，然后看看秧苗长高了没有，但似乎秧苗的长势总是令他失望。用什么办法可以让苗长得快一些呢？他思索半天，终于找到一个自认为很好的办法——把秧苗往高处拔，秧苗不就一下子长高了一大截吗？说干就干，他就动手把秧苗一棵一棵拔高。他从中午一直干到太阳落山，才拖着发麻的双腿往家走。一进家门，他一边捶腰，一边嚷嚷："哎哟，今天可把我给累坏了！"

他儿子忙问："爹，您今天干什么重活了，累成这样？"

农民扬扬自得地说："我帮田里的每棵秧苗都长高了一大截！"他儿子觉得很奇怪，拔腿就往田里跑。到田边一看，糟了！早拔的秧苗已经干枯，后拔的也叶儿发蔫，耷拉下来了。

揠苗助长，愚蠢之极！每一棵植物的成长都是需要一定过程的，需要我们每天辛勤地浇灌、耕耘等，才能获得成果。每一个生命的成长也如此，千万不要违背规律、急于求成，否则就是欲速则不达。

其实，不光是这个农民，在现实生活中，我们也看到不少人内心焦躁不安，尤其是当他们发现自己努力过后依然看不到希望时，他们要么打退堂鼓，要么感时伤事，开始处于迷茫混沌之中。其实只要你勤勤恳恳、不放弃，那么，只要你坚持努力，然后静静地等待，时间总会回报你。

任何一种本领的获得、一个人生目标的达成都不是一蹴而就的，而是需要一个艰苦历练与奋斗的过程。正所谓“梅花香自苦寒来，宝剑锋从磨砺出”，任何急功近利的做法都是愚蠢的，做任何事情都要脚踏实地，一步一个脚印才能逐步走向成功，一口是永远吃不成一个胖子的，急于求成只能适得其反，结果只会功亏一篑，落得一个揠苗助长的笑话。

孔子曰：“无欲速，无见小利。欲速，则不达，见小利，则大事不成。”真正能成大事者，都有一个特点，那就是有十足的定力，遇事不慌不乱，这也是一种智慧的体现。人要学会用长远的眼光看问题，不仅要看到近期的得失，更要着眼于未来。只有凡事不急于求成，才能真正有所成就。

在生活中，真正的赢家并不是那些聪明的人，而是那些笨的人。因为他们认为自己不够聪明，勤能补拙，所以他们苦干，最终有了自己想要的生活，而相反，那些自以为聪明的人，他们喜欢耍小聪明，看到周围的人有更巧妙的方法，他们就投机取巧，而最终他们往往输得很惨，所以智慧和实干比起来，实干更加不可或缺。

总之，我们需要记住，无论做什么，太想成功的人往往很难成功，太想到达目标的人往往不容易到达目标，过于注意就是盲目，欲速则不达，凡事不可急于求成。相反，以淡定的心态对之、处之、行之，以坚持恒久的姿态努力攀登，努力进取，成功的概率却会大大增加。

第6章

别只看到他人的出色，所有的幸运都是努力换来的

在我们的周围，不少人总是对身边那些做出成就的人报以羡慕嫉妒的眼光，认为他们运气好，赶上好的机遇，反过来感叹自己运气差，而其实，他们应该重新审视自己，真的是因为运气差而平庸吗？运气往往与努力相连，如果足够努力，那好运自然会到来。在这个世界上，没有无缘无故的好运，所有的好运都是努力而来的。做人做事有多努力，就会有多成功。我们每个人都要记住一句话：越努力，越幸运。

从来不说时间不够，是勤勉的态度

日本女作家吉本芭娜娜出版了40本小说和近30本随笔集，《鲤》杂志曾采访过她："许多女人生了小孩之后就没有闲暇时间了，您现在有了孩子，是如何抽出时间来写作的呢？"吉本芭娜娜说："确实没什么时间，但是我一直在拼命。为了争取多一点的写作时间，每天我都在与时间赛跑，最夸张的时候，你能想象吗？我几乎是站着吃饭。"估计许多人看到这里会感到羞愧吧，比起吉本芭娜娜，许多人总是感慨自己时间不够、事情做不完，却从来不去利用那些零碎的时间。

犹太人洛克菲勒就是一个对工作异常勤奋的人。一天24个小时中，他的工作时间一般都是十五六个小时，超过了一天的大半时间。有的时候，他甚至可以一天工作十八九个小时。有人给他计算下来，他的一生中平均每周工作76个小时，只休息很短的时间。经常是别人已经下班，他还在勤奋地工作。他常常对别人说："如果你什么都不想干，那一天工作8个小时就可以了，可是如果你想干点什么，那么当别人下班的时候，正是你工作的时候。"

别人问他：“你怎么能一天工作20个小时？”他却说：“一天工作20个小时怎么可以，我需要一天工作48个小时。”当人们看到他的时候，他总是在不停地忙于工作。于是凡是认识他的人都说洛克菲勒只有睡觉和吃饭的时候不谈工作，其余时间他都是泡在工作里的。这位世界级的大富翁就是这样紧张而勤奋地工作着的，所以他才取得了举世瞩目的成就。

从来不说时间不够，保持勤勉的态度，是洛克菲勒成功的秘诀。洛克菲勒之所以能够获得成功，就在于他始终如一地保持勤勉的态度，从来不以忙和没时间作为借口。他的勤勉已经成为顽强的奋斗，在他的眼里，一天24个小时已经不够用了，他希望能在一天内工作更长的时间。犹太人认为，只有勤勉的人才能够尝到胜利的果实，只有勤勉的人才能够得到命运的眷顾。所以，洛克菲勒用自己的实际行动证明了这样一个道理，如果你是一个做事勤勉的人，那么成功就离你不远了。

人们关于自己的未来总会有很多规划，但当他们未能完成时总向别人推诿：“我最近太忙，根本没有时间。”迟迟不见有行为，但是如果你想有所获得、有所成就，做哪一件事不会耗费时间呢？我们经常看到一些优秀的年轻人，举手抬足优雅，且写得一手好字，当你在羡慕对方的时候，是否能想到对方为了培养仪态、练字曾一个人度过了多少沉默时光呢？忙和没时间是最烂的借口，因为每个人的时间都是公平的，之所以会抱怨没时间，不过是因为你在其他事情上浪费了时间。

财经作家吴晓波说：“每一件与众不同的绝世好东西，其实都是以无比寂寞的勤奋为前提的，要么是血，要么是汗，要么是大把大把的曼妙青春好时光。”如果倾力付出自己的努力，那早晚会从量变到质变，你现在留下的每一个脚印，都会成为将来实现人生飞跃的跳板。

人们总会订下许多计划，看书、运动、旅行等，却常常因没有时间而不得不放弃。难道你的生活真的有那么忙吗？真相到底如何你心知肚明，别总以忙和没时间当借口，那不过是在为自己的懒惰找理由而已。你若坚持努力，一定会发光，因为时间是所向披靡的武器，能聚沙成塔，将人生一切的不可能都变成可能。

如果平凡，那就用努力换天分

许多人觉得自己很平凡，能力很普通，先天条件的欠缺导致他们对自己丧失信心，在他们看来，不管自己如何努力，最终都只会成为一个平庸的人。抱着这样的想法，他们就不想再去努力，只想浑浑噩噩地生活着，甚至有的人选择了自甘堕落的生活。

然而，人们浑然忘记了成功的路从来不是一帆风顺的，许多人也曾迷茫过，也曾不知道未来究竟在哪里。但是，他们却以自己成功的经历告诉我们：相信梦想，梦想自然会回馈于你，努力比任何东西都来得真实，用坚韧换机遇，用时间换天分，哪怕在成功的路上走得很慢，但终会抵达。

我们都听过龟兔赛跑的故事，兔子机灵、跑得快，它以为自己胜券在握，所以它安心地睡起了大觉。谁知道看起来慢吞吞的乌龟，却以自己百倍的努力以及坚持不懈的精神抢先到达终点。谁能笑到最后，还真是不一定。

大学毕业后，威廉的求职战役正式打响了，他向大部分知名企业投递了20多份简历。那真是一段不堪回首的岁月，他天天跑招聘会，但自己的努力却看不见任何回应，那些投递出去的简历如石沉大海，杳无音讯。好不容易有一家公司通知面试，却未成功，找工作的路途依然曲折坎坷。

威廉在笔试上失意过，在群面时因插不上话而被刷掉，和许多求职的年轻人一样，他曾经历过低谷期，但他始终努力着。遇见太多糟糕的事情，他反而觉得一切都会慢慢好起来；曾被糟糕情绪困扰，他反而知道应该如何梳理情绪；了解了自己的缺点之后，他反而知道什么工作才是最适合自己的。在每一次求职失败后，威廉都会反思自己的缺陷和不足，总结失败的经验，从来没有放弃过努力。

威廉说："天赋决定了一个人的上限，努力则决定了一个人的下限。"许多年轻人根本没有努力到可以拼搏天赋的程度，就已经放弃了，威廉深知自己没有一步登天的天赋，所以只能用努力来换取天分。

当然，最后威廉如愿找到了一份好工作，但这与他平时的努力是分不开的。

成功就是运气恰巧撞到了努力而已，努力永远不会有错，即便现在无法感受到努力的回报，但未来的一天你总会有所收获。选择自己喜欢的事情，然后努力坚持下去，相信梦想，更要相信努力，因为遗憾比失败更可怕。当你在追逐梦想的时候，这个世界总会制造许多挫折与困难来阻挡你，残酷的现实会捆住你的手脚，但其实这些都不重要，重要的是你是否有努力到底的决心。

平庸并不可怕，可怕的是永远平庸。既然上帝没有给予我们天赋，那我们就用后天的努力来弥补。越努力越幸运，如果你觉得自己平凡，那就用努力换天分。当然，在这个过程中，我们要始终相信努力奋斗的意义，让未来的你，感谢现在拼命努力的自己。

坚持不懈可以在你失去动力的时候帮助你继续行动，这样可以使事情渐渐好转。坚持不懈最终会有回报。你只需保持努力，最终就会得到回报，这个回报可以为你带来强大的动力。

不断努力，实现由平凡到优秀的蜕变

野心，与梦想、理想相比，它有具体目标，如想当政治家、将军是理想，想当总统、军长则是野心；与上进心、进取心相比，它的目标更远大，如想当主管叫进取心，想当总经理就是有野心。如果说努力是为了让自己的才华赶上野心，那野心的存在就是促使自己不断努力的基石。

美国历史上最伟大的总统罗斯福，从小就患有小儿麻痹症。像这样一个人，他通过比常人更加艰苦努力的奋斗，在美国获得广泛的人心与支持，成为美国历史上唯一一位连任四任的总统，四次实现了孩提时的野心。有梦想，就应该有野心。伟大的人物在野心的催促下成其伟大，对于普通人来说，野心的力量又如何呢?

人类拥有巨大的潜能，而这种潜能的激发，在很多时候都来自一种强烈的追求、野心的刺激。我们不可能都到哈佛受到良好的教育，但我们却能有和哈佛毕业生一样的自命不凡的心态和野心！对于一个野心家来说，他具有超越常人的忍耐力和拼搏的精神，也正因如此，他们才更容易做最好的自己。

美国《时代》杂志加拿大版的一篇文章提到，美国加利福尼亚大学的心理学家迪安·斯曼特研究发现，“野心”是人类行为的推动力，人类通过拥有“野心”，可以有力量攫取更多的资源。“树立了志向后，如果有野心，不管别人说什么都会忍耐，在忍耐中不断磨炼人格，就能成为人人羡慕的人。”这是井上笃夫在《飞得更高——孙正义传》一书中的一句话。

野心，造就出许多伟大的人。出身贫寒的克林顿，17岁目睹了美国总统肯尼迪的风采。当总统肯尼迪握住这位阿肯色州小男孩双手的时候，他有了一个野心，他要成为美国总统！20年后，野心变成了现实。

当野心与坚持、努力为伍，以踏实、上进为伴时，这样的一个人，怎么能不成就大业呢？有了梦想、野心的你，才能深切地感受到，在切切实实地为目标拼搏、奋斗的过程中，自己迈步的幅度逐渐加大、速率逐渐提升，在努力的过程中，慢慢地实现由平凡到优秀的蜕变。

任何成功，都不是一蹴而就的

古今中外，大多数成功人士无一不有着远大的志向。他们为了实现自己的理想和人生目标，不遗余力地努力，哪怕遭遇艰难坎坷，也依然脚踏实地，从不轻易放弃。也许后人会仰慕他们的成功，但是却不知道他们在成功之前付出了很多。正是点点滴滴的付出，他们才能不断地积累，脚踏实地，勤学苦练，最终掌握成功的秘诀。

正如人们常说的，书山有路勤为径，学海无涯苦作舟。任何人要想获得成功，都不可能一蹴而就。我们唯有更好地面对人生，脚踏实地，努力奋进，才能最大限度发挥自身的主观能动性，从而更好地实现自己的梦想、完成自己的心愿。

毋庸置疑，每个人都渴望成功，而且迫不及待地想要获得成功。殊不知，成功绝非朝夕之功，任何时候，我们都必须更加努力，才能滴水穿石。遗憾的是，现实生活中总有人好高骛远、心比天高。归根结底，每个人都必须非常努力，才能成功改变人生，也才能获得真正的成功。无论如何，人生都离不开脚踏实地、勤学苦练的精神。

在《劝学》中，荀子曾说，不积跬步，无以至千里；不积小流，无以成江海。的确，江河湖海虽然辽阔无边，但是并非自古有之，而是随着细小溪流的汇入，才能渐渐积聚起来，成江成海。唯物主义辩证哲学也告诉我们，唯有量变积累到一定程度，才能引起质的飞越。人生也是如此，要想获得成功，要想让命运转折，我们就必须不断努力，积累点滴付出，从而彻底扭转命运，成就完满的人生。

现实生活是残酷的，有的时候我们即便付出了，也未必有回报。但是我们必须知道一个道理，不管在什么情况下，脚踏实地都是成功的必需品，都是人生中难能可贵的品质。每个人的人生都是与众不同的，有的人天资聪颖，不管做什么事情都能够水到渠成，哪怕遭遇坎坷挫折，也是可以战胜的。有的人，天生愚钝，哪怕是遭到点拨，也依然执迷不悟。如此一来，他们必然因为失望感受到命运的残酷，从而导致自身变得沮丧绝望。还有的人心比天高，命比纸薄，虽然一心一意想要赢得人生的馈赠，但是命运却总是与他们开玩笑，让他们啼笑皆非。其实，这都没有关系。任何人要想得到命运的善待，首先都应该练就脚踏实地的本领，这样才能静下心来，点滴积累，片刻也不松懈。人生是漫长的，一蹴而就的成功可遇而不可求。作为平凡的人，我们必须立足当下，把握好生命中的每一分、每一秒，才能不断超越自我，获得成功。

大学毕业后，丝丝与小梦一起进入同一家公司工作。作为职场新人，她们自然走得很近，也愿意在工作中相互扶持，作为共同成长的伙伴。转眼之间，她们进入公司3个月了，顺利度过试用期。这时，老总分别交给她们两人一个艰巨的任务，想要考察她们的能力。这个任务的确难度很大，对于职场新人而言有些困难，为此，小梦怨声载道，不停地抱怨老总是在故意刁难她们，把她们当成牛马来使唤。但是，丝丝一声不吭开始繁重的工作，哪怕一天干下来累得精疲力竭，她也从不抱怨。渐渐地，丝丝起早贪黑，再加上有了难题就虚心求教老同事，最终成功完成了任务。而小梦总是推三阻四，对于老总交代的任务非但没有完成，反而还抱怨老总。可想而知，对于这两个新人，老总不但更加偏向和器重丝丝，也会对于小梦的工作表现彻底失望。

现代职场上，人才辈出，竞争非常激烈。有才华、有特长的人很多，因而企业在招聘的时候，虽然想要寻求有才之士，但是更愿意要那些具有实干精神的员工，使他们成为企业的支柱。偏偏很多人对待工作非常骄傲，总是夸夸其谈，却从未把工作当成自己的事业。和这种人相比，企业更欢迎那些脚踏实地的干将，也愿意把企业的命运与他们紧密相连。因而，很多企业招聘时的首要要求，就是新人一定要脚踏实地、勤奋刻苦。

不要羡慕他人的成功，只要我们脚踏实地，坚持点点滴滴地付出，终有一天，我们也会拥有与众不同的人生，成就独属于自己的辉煌。所谓磨刀不误砍柴工，要想腾飞，我们就要不断积累，坚持提升和完善自我。

坚持努力，唯有行动才能带动生命的律动

现代社会，生活节奏越来越快，工作压力越来越大，行走在大街上，跟随着熙熙攘攘的人流，未免觉得无助。有的时候，越是热闹的地方，越是觉得孤单和寂寞，越是在人群之中，也越是感到无能为力。唯有保持良好的心态，我们才能让自己的生命随着生活的节奏律动，而不至于因为放弃，导致生命一蹶不振。

很多人行走在车水马龙的大街上都会戴着耳机，听着那些富有节奏和韵律的音乐。随着音乐的节奏，他们的步伐也随之改变，似乎他们的每一步都走在音乐的节拍上，他们的内心为之震撼，也充满了能量。这种感觉会直接传入人的神经末梢，让人兴奋和愉悦，在人的血液中不停地沸腾、喧嚣。正如有人

说的，只要你坚持努力，就一定能够得到回报。而且，在你努力的过程中，命运也会接收到你努力的电波，从而让好运来光顾和眷顾你。的确如此，我们知道音乐能够带动我们生命的律动，殊不知，行动也能带动我们生命的律动，让我们的人生因为努力变得截然不同。

所谓新官上任三把火，小罗在走马上任成为销售部主管之后，当即展开行动，为公司接二连三接了好几个大项目。在处理其中一个重要项目时，小罗与客户接触，发现客户对于他们的团队怀有偏见。小罗不知道原因出在哪里，经过一番认真仔细的了解和调查，他才发现其他公司的一个销售团队曾经接洽过这个项目，而且给客户留下了恶劣的印象。这可如何是好呢？难道向客户辩解，证实自己的团队和他人的团队截然不同？小罗很清楚，一旦拿捏不好力度，就会导致客户把他们的辩解当诡辩，因而对他们印象更差。为此，小罗经过慎重思考，决定什么也不说，而是以实际行动打消客户心中的顾虑和担忧。

每次与客户接洽，小罗都会亲自参与，耐心地为客户讲解他们的方案，并且对于客户提出的一切要求，都尽量满足。随着时间的流逝，客户渐渐意识到小罗的团队非常努力，而且尽职尽责，因而对小罗的印象越来越好。有一次，因为方案某个地方不足，客户还特意委托小罗全权处理，小罗不由得松了口气：终于得到了客户的信任，可谓功夫不负有心人啊！

后来，小罗的团队和客户合作得非常愉快，客户更是为小罗又介绍了好几笔大生意！

小罗之所以能够打消客户心目中对于销售团队的质疑，就是因为他非常努力。面对客户的不解和误解，他始终没有放弃自身的努力，坚持不懈地付出，最终成功打动了客户的心。人生在世，我们不可能在任何情况下都一帆风顺。尤其是在现代职场上，人与人之间的相处总是充满了质疑和怀疑，与其狡辩，不如脚踏实地地努力，这样反而能够让事情出现转机。所以我们必须以更加良好的心态面对未来和人生，也更加积极主动地挑战人生的困境。记住，只要功夫深，铁杵磨成针。当我们心怀希望，决不放弃，坚持付出，我们终有一天能够使人生完满。

所谓态度改变世界，就是在提醒我们要努力认真地对待人生，从而才能把自身的正能量都传递给人生，也才能让自己怀着信心，把努力的电波发射到整个宇宙之中。当我们身边的一切感受到这种电波，我们的人生自然更加顺遂，我们的付出也会得到好运的馈赠。

所有的一夜成名，都背负了你不知道的艰辛

在这个信息大爆炸的时代，我们时常在一梦醒来，突然发现某人一夜成名，而且有了让世人羡慕的成就。我们不由得羡慕妒忌恨，责怪自己为何没有一夜成名的潜质，抱怨命运

在我们付出这么多之后为何不能给予我们小小的回报。其实，我们看到别人的一夜成名，并非真的是一夜成名，而只是一夜成名的假象。究其原因，我们从未看到过他人在成名之前的付出，所以就误以为他们是一夜成名。现实情况却是，这个世界上没有任何真正的一夜成名，每个人在一夜成名之前，必然付出了极致的努力，他们的努力甚至超乎我们的想象。诸如著名歌手蔡依林，身材瘦弱娇小，为了在舞台上献给歌迷最劲爆的热舞，她曾经在舞台上累得昏厥过去。也许你们从小也练习舞蹈、也喜欢唱歌，那么你之所以现在还没有出名，可曾扪心自问你们是否像蔡依林这么拼命呢？

不要只看到成功者的荣耀和光环。要想让自己获得进步，我们更应该发奋努力，这样我们才能在流过汗、流过泪之后，有权利赢得自己想要的生活。除了要付出努力之外，我们还要学会坚持。很多人之所以经常与失败结缘，就是因为他们总是半途而废。要知道，任何成功都不是一蹴而就获得的，通往成功的道路是漫长的，通往成功的道路也必然艰辛。我们唯有不遗余力地战胜困难，挑战和超越自我，才能获得别人眼中的“一夜成名”。

如今，提起德云社和郭德纲，几乎无人不知、无人不晓。郭德纲是21岁那年去北京奋斗和打拼的，但是他初到北京却四处碰壁，接连遭遇不顺。为了维持生计，他不得不和几个朋友成立俱乐部，联合起来站在街头卖艺。很多个夜晚，街头灯火阑珊，人们早就回家了，他却固执地站在街头继续练习，直到声嘶力竭。朋友劝说他不要拼命，他也总是一笑置之。在整整一年的时间里，他每天都在玩命地练习，居然熟练背诵了600多个流传至今的相声段子，最终为自己赢得了小小的名气。

然而，命运并没有因此青睐郭德纲，而是和他开了一个残酷的玩笑。他继续沉默着，无人关注他。一天深夜，他骑着自行车回出租屋，半路上车却坏了。为此，他不得不步行走向出租屋，直到天色微亮，才到达出租屋。这一天，他因为淋了夜雨，高烧不退。身无分文的他不得不卖掉破旧的传呼机，才换了十几块钱，买了感冒药，又买了两个馒头果腹。当天下午，他带病参加表演，脸色虽然蜡黄蜡黄的，心中却燃烧着热血。就这样，一无所有的他靠着一腔热血在北京终于为自己赢得了一席之地。后来，他得到侯耀文的赏识，被侯耀文收为徒弟。从此之后，郭德纲总算苦尽甘来，也因为有了师傅的指点，再加上自身的刻苦拼搏和奋斗，最终红遍了大江南北。

作为一个在北京没有任何背景和资本的苦孩子，郭德纲走出了属于自己的人生之路，收获了成功的人生，也收获了无数光环和荣誉。很多不了解郭德纲的人，都不知道他是如何一夜成名的，但是熟悉郭德纲的人一定知道，他从21岁只身到北京打拼，付出了多少艰辛和努力，也遭遇了多少挫折和磨难。所以我们说，没有任何一夜成名的背后没有故事、没有成功者坚持不懈和持之以恒的付出。

不要再抱怨自己没有结交好运，没有得到命运的青睐，我们与其关注成功者的光环和荣耀，不如更用心地了解成功者曾经的努力和奋斗。要知道，我们唯有不懈努力，与命运博弈，才能迎来人生的契机。

在你所擅长的领域内精益求精，否则你会退步

到底怎样做才能让自己更好地发挥优势，避免它的牵绊呢?

第一，自己在意识上一定要学会重视，要重视事情的各个方面，每一个方面，每一个细节；不要因为它影响小，就轻视它，不要因为它简单，就轻视它，不要因为它从来没发生过问题，就轻视它；意识上不能有一点疏漏，哪里有疏漏，哪里就有可能被“病毒”侵入。所以，我们在生活和工作中，需要认真对待每一件事，重视每一个细节。可以做不到，但不能意识不到。

第二，避免骄傲自大。被自己的优势绊倒这个问题和自己内心过于轻视、骄傲自大是有很大关系的。总是觉得自己某些方面很强，从而掉以轻心，忽视了不断学习强化自己的过程，所以最终败给了自己。不论自己有多优秀，我们也要懂得谦虚做人。骄傲是成功的天敌，不断学习才能获取更大的成功。我们要学会合理利用自己的优势，不断地去强化自己，把优势发挥到更高的水平，而不是依赖它，把优势变成阻挡你前进的绊脚石。

第7章

压力不可怕，利用好压力你可以离成功近一点

现代社会生活节奏越来越快，工作压力越来越大，很多人都倍感压力，甚至产生了力不从心的感觉。然而，无论我们对于生活的感受如何，生活总要继续下去，哪怕是我们自觉心力交瘁，也无法改变生活的任何方面。在这种情况下，一些人因为无法承受巨大的压力，决定放弃人生的博弈。其实，人生的失败并不在于被打倒，而是在于主动地放弃，这才是真正的失败。压力不可怕，如果我们能正视压力，化压力为动力，便可以离成功更近一点。

引导压力转化为动力，从而不断前进

很久以前，有个农夫牵着驴子往家走。因为天色太晚了，驴子居然一不小心掉入一口干枯废弃的井中。为了救出驴子，农夫竭尽全力、想方设法，花费了好几个小时的时间，却毫无成效。看着驴子在枯井中痛苦地嘶鸣，时间又已经到深夜了，农夫只好选择放弃。他安慰自己："算了，反正这头驴子已经很老了，也没什么力气了。等到明天白天，我来把它掩埋掉，就算是对它仁至义尽了。"

次日，农夫特意从左邻右舍喊来好几个帮手，和他一起拿着工具去枯井掩埋驴子。看到人们并没有打算对自己施以援手，而是开始把泥土以及垃圾等杂物扔到井里，试图掩埋自己，驴子绝望地嘶鸣着。然而，没过多久，这头驴子突然停止嘶鸣，农夫好奇地探头看向井底，这才发现驴子不停地抖落掉人们扔到它背上的泥土，而且非常灵活地站到泥土上面。就这样，驴子不停地努力着，最终居然踩着那些人们扔到井底的杂物和泥土，渐渐接近井口，最终成功脱险。

不得不说，这是一头顽强的驴子，是真正的"驴坚强"。

面对生命即将结束的困境，驴子先是绝望地哀鸣，可以肯定的是，它从未放弃生的希望。所以，它才能在短暂哭泣之后，突然想到逃生的好办法，就这样把原本会结束它生命的一切，变成新的生机。

从驴子的故事中我们不难得出一个结论，任何事情都有其两面性。很多时候，压力并非是绝对的压力，而是可以在特定条件下与动力相互转换的。当然，把压力转化为动力是需要条件的，那就是我们拥有顽强的心态，从而能够承受压力。反之，倘若我们在压力之下不堪重负，甚至因为压力导致自己崩溃，那么当然也就失去了将压力转化为动力的机会和条件。这样一来，压力就会成为彻头彻尾的压力，只会给我们的人生带来负面影响，而对我们的人生没有任何积极的作用。看到这里，聪明的人一定知道，我们必须端正心态、充实自我，才能正确引导各种压力成功转化为动力，从而不断前进和进取。

熟悉企业管理的人都曾经听说过蓝柏格定理。这个定理告诉我们，作为企业的上级，必须适当地为职员制造危机感，从而才能督促职员不断进步，把压力转化为动力。这个定理最早是由美国大名鼎鼎的银行家路易斯·B.蓝柏格提出的，他的本意就是要为下属制造危机感。现实生活中，人们常说，“井无压力不出油，人无压力轻飘飘。”这句话也在告诉我们，一个人要想有所成就，必须承受压力、拥有动力。尤其是对于那些光鲜亮丽的成功者而言，我们作为旁观者也许只看到他们成功的一面，他们作为当事者，却更清楚自己走过了怎样艰难坎坷的过程，最终才把压力转化为动力。

当然，需要注意的是，为了与压力更好地和平共处，我们除了要给自己增加压力，从而让自己动力十足之外，在适当的时候，我们还需要学会减压。所谓凡事皆有度，过犹不及，压力也是如此。如果过大的压力彻底把人压垮，那么人们也就失去了把压力转化为动力的机会。只有把握好压力的度，能够让压力与动力之间相互转化，我们的人生才能更加积极主动，实现创造和创新。所以，让我们正确对待人生的压力吧，只有我们坦然面对压力，我们才能拥有更多的动力，也才能真正成为人生的主宰，顶着压力奋力前行。

只要坚持不放弃，所有苦难都会成为过去

美国麻省理工学院曾经进行过一项特殊的实验。这个实验不仅特殊，而且妙趣横生。原来，他们把小南瓜用一个铁圈圈住，以测试南瓜在成长的过程中，到底能够产生多大的力量。因为力的作用是相互的，所以铁圈能够承受的力量，就是南瓜能够承受的压力。做好一切准备之后，实验开始了，研究人员开始密切观察南瓜。最初，他们估计南瓜可以承受500磅的压

力。然而，最终的实验结果让所有人都大跌眼镜，因为南瓜在承受了至少5000磅的压力之后才破碎。他们满怀好奇地打开南瓜，发现南瓜的内部已经发生了改变。南瓜里都是坚韧的纤维，这些纤维极尽可能地想要突破铁圈的禁锢。为了充分汲取养分，南瓜的根部甚至衍生到整个花园，从而为自己积聚力量。

从这个小小的南瓜身上，我们似乎看到了自己的潜力。从未有人知道自己的潜力有多大，既然一个南瓜都能把根部延伸到整个花园，又有什么是我们人做不到的呢？所以，永远不要小看自己，也不要自以为不堪一击。实际上，你的能量超乎你的想象。那么，从现在开始，不要再妄自菲薄。我们能够承受人生中的一切压力，只要坚持不放弃，所有苦难都会成为过去。

归根结底，一个人的能力和力量都是有限的。因而，我们常常需要得到他人的帮助，却并非每次都能如愿以偿。当遭到拒绝的时候，你是变得沮丧绝望，还是会坚持努力？如果答案是前者，那么等待你的必然是放弃，也就是失败。只有选择后者，你才能再次扬帆起航，驶向理想的彼岸。

在人生之中，每个人都离不开他人的帮助，也经常会遭到他人的拒绝。与其因为他人的拒绝自暴自弃、自哀自怨，还不如从现在开始，奋发图强，活出个样儿来。坦然接受拒绝，说起来是很简单的一句话，写起来也不难，但是真正想要做到，却需要我们调整好心态，拥有强大的自信。人生有百般滋味，每种滋味我们都要用心去品味。人生也有万般哀愁，每种哀愁，我们都要勇敢面对，不要畏惧。只有怀着坦然之心，我们的人生才会朝着梦想的方向驶去，才能百折不挠、坚忍不屈。

重重压力袭来时，你如何面对

生活中，从来不缺乏各种各样的压力：生存的压力、工作的压力、金钱的压力、心理的压力等。在这个被各种压力压得喘不过气来的社会，我们该如何缓解内在的压力呢？太大的压力对我们的情绪是有着重要影响的，一旦压力来袭，情绪就会变得很恶劣，容易生气、烦躁，似乎看什么都不顺眼，内心的情绪积压过久，总想痛快地发泄一通。那些给自己太大压力的人，他们也是总喜欢与自己斗气的人。如果我们将任何事情都当成一种负担，并在压力的重压下生活，那我们会整日生活在压力、痛苦、烦躁和苦闷之中。一个人若是背着负担走路，再平坦的路也会让他感到身心疲惫，最后他会因为不堪生活的压力走向不归路。当重重压力袭来的时候，失败者被压力打垮，优秀者却化压力为动力。

这些天，小王正在学习弹琴，由于基本功不太扎实，他练起琴来很费力，尽管自己付出了许多辛勤的汗水，可就是不见效果。但是，他心里极度渴望自己在琴技方面能够有所突破，于是，他强迫自己每天练琴4个小时。

这样，时间长了，他变得时常焦虑，心理上把练琴当成一种压力，他常常烦躁地问老师：“我是不是练不好了？”“我还能行吗？”“怎么练都不见效果，我干脆还是不练习了吧！”“难道我就这么放弃了吗？”老师听了，只是微微一笑：“你不要自己到处惹气生，放松自己，缓解心中的压力，卸下负担，将压力变成动力，这样，心情好了，琴艺自然会有所进步。”过了不久，小王的琴艺真的进步了，而之前笼罩在他脸上的阴霾已经消失得无影无踪。

人一生中都会面临两种选择：一是改变环境去适应自己，二是改变自己去适应环境。既然压力是已经存在的、无法彻底消除的，那我们何不积极地改变自己，正确引导各种压力成为自己前进的动力呢？

一位留学英国的朋友回国，向同学讲述了自己在国外的生活：“刚开始，我在国外的时候，由于自己英文很烂，害怕出糗，整天就把自己关在屋里，看书、上网、看电影，这样的生活状态整整维持了一个月，我崩溃了，我开始想：自己是否应该干点什么？”后来，她去了国家应用科学院求学，刚开始的时候，老师讲课她有一半都听不懂，而且老师讲课也没有教材，只能靠自己做笔记，压力非常大。当时，她想，自己只要及格就行了，没有必要追求名列前茅。于是，每天，她都会拿着同学的笔记来抄，然后，就跟自己的男朋友一起出去约会。

临近考试的时候，她才开始“抱佛脚”，背诵笔记，每天只睡3个小时，第一次考试，她及格了。虽然她的分数并不是很高，但是，令她高兴的是老师给全班同学发了一封邮件，在信里，老师这样说："这次考试，我以为出的题目比较难，令我没有想到的是，班里的三个留学生考得还不错，希望你们继续努力。"老师的鼓励令她受到了鼓舞，她开始认真听课，成绩也越来越靠前了。到了第二年，她的成绩就排在了全班第一，这样的成绩不仅令同学感到惊叹，连她自己都觉得不可思议。最后，她这样说道："在国外求学的经历堪称跌宕起伏，但是我并不觉得有什么不好，这些所谓的挫折与困难，让我学会了承受，让我赢得了最后的胜利。我们的生活需要适当的压力，压力教会了我们什么是坚持，最重要的是，让我远离了那种无聊、烦闷的生活，重新拾起了久违的快乐。"

对优秀者而言，当压力成为自己前进的动力，那生活将会变得异常美好。生活中其实是需要压力的，当我们感觉不到压力的时候，你会发现充斥在生活中的都是无聊、烦闷的气息。但是，一旦生活有了某种压力，在压力的打压下，不自觉地将这种压力当成动力，那我们做什么事情都是精神十足，因为压力驱使着我们将事情做得更完美。

在现代社会，几乎每一个人都有压力，其实，适当的压力对我们自身是十分有用的。一个人的潜力究竟有多大呢？我想大多数人都不清楚，对此，科学家指出：人的能力有90%以上处于休眠状态，没有开发出来。是的，如果一个人没有动力、没有磨炼、没有正确的选择，那么，积聚在他们身上的潜能就不能被激发出来，而压力会给他们这样的动力。

提升心理抗压力，你比想象中更优秀

有这样一个故事：有人问3个泥水匠："你们在干什么？"甲说："砌墙。"乙说："挣钱。"丙说："造世界上最有特色的建筑。"后来，前两个泥水匠一生碌碌无为，只有第3个泥水匠成为知名的建筑师，因为只有他清楚自己砌每块砖与一座宏伟建筑之间的关系。在我们身边，有许多人都明白自己在人生中应该做些什么，但就是迟迟不肯行动，根本原因就在于他们欠缺未来清晰的目标，而有什么样的目标，就有什么样的人生。

我们应该永远记住一句话：你比自己想象中更优秀。因为我们每个人所拥有的潜能都是无穷的，我们所展现出来的只是九牛一毛，还有更多的潜能等待我们去挖掘。相信自己，多给自己一份肯定——自己永远比想象中优秀一点，这样，你才能成功地挖掘出自己的潜能，从而使自己变得更优秀。

激发潜能可以从以下几个方面着手。

1.有志者事竟成

古人曰："非志无以成学。"立志就是激励自己走上一条进取的、迎难而上的、智慧的人生之路。人一旦有了志向，就会对自己严格要求，就会克服前进路上的任何困难，那隐藏在其身上的潜能才能被激发出来。

2.保持身心健康

其实，身心健康是开发潜能的基础。健康的身体、充沛的精力、愉快的心情可使人的智力更好地发挥作用；反之，人的智力就会受到压抑。当然，我们可以通过饮食、睡眠、锻炼三方面来提高身体健康水平；通过改善自己的性格，建立和谐的人际关系来提高心理健康水平。

3.培养良好的心理素质

心理素质包括道德品质、意志品质、自信心、责任心等。纵观那些卓有成就的科学家，他们不但智力水平高，而且在青少年时期就表现得非常坚强，极具独立性，他们充满信心，有百折不挠的精神。

4.坚持学习

有人曾说："未来的文盲不是不识字的人，而是没有学会学习的人。"坚持学习可以使人更加有效地发挥出自己的学习潜能，学习不仅仅是大脑学习、身心学习，还包括科学学习、创新学习等。

你比你想象的更优秀。在现实生活中，也许我们会遭遇许多困难，导致一些问题没有能够得到解决。其实，问题本身没有太大的难度，而是我们把问题想得太复杂了，以至于我们不敢去面对它。如果仅仅是因为低估了自己的能力而失败，那自然是不值得的。所以，相信自己，努力挖掘自己的潜能，为人生点缀出不一样的精彩！

笑对风雨彩虹，做一株摇曳多姿的野草

在植物王国，国色天香的牡丹几乎吸引了所有人的目光。每到盛开的季节，无数人蜂拥着去看牡丹，看它的娇艳，看它的富贵，看它的摇曳多姿。假如你也生长在植物王国，你是不是也想成为一株牡丹，吸引无数人艳羡的目光？的确，即使是在人类社会，也存在着牡丹。它们总是高高在上，享受着人们的无限呵护与恭维，从来不知道野草的烦恼，更不屑于低头去看那些匍匐在地上的野草。然而，毕竟不是每种植物都能成为牡丹，也不是每个人都能够高高在上。生活中，更多的是平凡与平实的野草。假如你是一株野草，千万不要因为每天都要仰视牡丹的高贵华艳而烦恼，更不要因为整日生活在别人的忽视之中而自暴自弃。相信你曾经看过风雨之中的野草，当牡丹花因为风雨的无情而寂寞凋零的时候，当那些高高在上的人们因为生活的挫折而被人忽视的时候，只有野草，不管风再大、雨再狂，始终都是那么顽强地活着。所以说，做人，就要像一株摇曳生长的野草，不自怜自弃，不自高自傲，只是这么默默地

顽强地活着，在风雨中摇曳生姿。

野草，没有扑鼻的香气，闻起来只有朴素的青草气息，所以很难吸引人们的注意。然而，不管有没有人注意，不管有没有人欣赏，它始终在那里。正如人生，很多人一生下来就备受瞩目，因为父母的铺垫，他们生来就享受比别人更高的礼遇，这使他们觉得自己高人一等，也使他们成为温室中的牡丹，经不起任何风雨。相比之下，倒是那些默默无闻的孩子更能够接受命运的挫折，即使事事不能顺心如意，他们依然默默地坚持着。他们就像是风雨中的野草，等到风雨过后，他们微笑着面对彩虹，再次开启自己的人生旅程。所以，作为野草，不要羡慕牡丹的娇艳和贵气，更不要因为自己没有牡丹的香味而烦恼。野草就是野草，你只需要成为一株野草就好。人生不可能永远都是温室，没有人的人生能够一帆风顺，更不可能事事顺心如意。所以，成为一株摇曳生长的野草，才是你应该做的事情。

对于自己的命运，她从来没有抱怨过。她似乎生下来就注定要创造奇迹，告诉世人一个人忍受再多的苦难依然能够有尊严地顽强地活着，从不放弃。她，就是海伦。

一岁半时，原本健康活泼的海伦突患急性脑充血病。她连续高烧，陷入昏迷。在家人的祈祷下，她终于醒过来了，然而，她看不见了，也听不见了，甚至无法说话。从此以后，她的世界变得黑暗而又沉寂。后来，她的家人为她请来了老师——安妮·沙莉文小姐。在老师的倾心教授下，海伦不仅学会了手语，还学会了写字。她天生聪慧，进步很快。在坚持不懈的努力之中，海伦从黑暗绝望的地狱走上了天堂。对于一个正常人来说，几乎难以想象她是如何学习的。为了学会发声，她必须用触觉领会发音时喉咙的颤动和嘴的运动，有的时候，为了发一个音，她一练就是几个小时。对于失败和疲劳，即使是一个坚强的正常人也难免会心生胆怯，然而，她却从未退缩更没有放弃过。当她流利地说出“爸爸”“妈妈”“妹妹”时，全家人都陷入了喜悦之中。

后来，海伦不仅自学了法学、德语，还凭着自己的努力得以进入大学学习。1904年，海伦以优异的成绩从拉德克利夫学院毕业。后来，她始终致力于为盲人服务的社会工作，以自己重度残疾的身体去帮助更多需要帮助的人。

海伦的一生是传奇的一生，是值得人们钦佩的一生。如今，她虽然已经离开人世，但是她那不屈不挠的精神却永远地载入了人类的史册。对于海伦，著名作家马克·吐温给予了极高的评价，他说：“19世纪出现了两个伟大的人物，一个是拿破仑，一个就是海伦·凯勒。”

没有人的一生是顺遂如意的，看到海伦艰难坎坷却依然不屈不挠的一生，我们应该想些什么，做些什么呢？即使牡丹再美丽华贵，我们也不应该让自己成为温室中的牡丹。要想在人生的风风雨雨中傲然挺立，我们就要像海伦一样成为风雨中的一株野草，即使遭遇再多的挫折，也依然摇曳生姿，渴盼着美好的明天。

一次次的自我否定，不断激励你前进

毫无疑问，在生活中，每个人都活在肯定和否定之中。这些肯定和否定，既有来自他人的，也有来自我们自己的。虽然每个人都想要得到别人的肯定，也希望自己能够使自己满意，然而，和肯定比起来，否定对于我们的成长却是更加重要的。否定分为两种：一种是来自他人的否定，这些不同的声音往往能够使沉浸在虚荣心和满足中的我们突然警醒，进而反思自己。另一种是来自自我的否定，它由反思生发。和来自他人的否定相比，来自自我的否定是更珍贵的。因为，只有来自自我的否定，或者是由他人的否定转化而成的对自己的反思，才是我们发自内心的对自己的审视。这种否定让我们更加了解自己，所以显得弥足珍贵。人之所以能够不断地进步，正是得益于这一次次的自我否定，它们像鞭子一样不停地鞭策和激励着我们，前进，前进！

试想，如果生活中没有否定，你所听到的都是来自别人的赞扬，那么，你会成为什么样的人呢？你不会像如今这般谦逊、自省、冷静、理智，你一定会被别人的夸赞冲昏头脑，甚至忘记自己也是凡人，也会犯一些不那么高明的错误。当你为今天的成功而沾沾自喜的时候，千万不要忘记在成功的路上你曾经犯下的那些错误，这些错误或者是无心之失，或者曾令你追悔莫及。不管是怎样的错误，你都应该铭记，是它们使你距离成功越来越近。也因此，你还应该时刻反省自己，因为人在成长，在进步，在发扬优点的同时，还会因时因地地出现很多新的局限。而为了长足的发展，你所需要做的就是正确地对待这些错误和局限，因为，它们是你前进的垫脚石。所以，感谢那些发出与赞誉声不和谐的否定之声的人吧，不管他是你的朋友还是你的敌人，他都直接或者间接地推动了你的进步。如果你是一个善于主动地自我否定的人，那么你更要感谢自己，因为正是这种难能可贵的品质使你始终保持前进的步伐，没有像那些骄傲自满的人一样止步不前。

对于自己今天所取得的成就，黄翔最想感谢的人就是那些曾经的“敌人”。

大学毕业后，黄翔没有选择和其他同学一样应聘找工作，而是决定和几个要好的同学一起合伙开一家电脑公司。虽然他们把前景幻想得无限美好，事实却依然是残酷的。他们遇到了重重阻碍，他们的产品遭到了很多人的质疑。面对这些使人焦头烂额的非议，黄翔没有抱怨，而是带领伙伴们一起夜以继日地研究，最终一一解决了这些难题。当所有眼前的困难都被解决之后，黄翔没有沾沾自喜，而是号召大家开了一个会议。

在会议上，他说："咱们的公司成立两年了，这两年来，我们之所以如此被动，就是因为我们总是等到别人提出非议的时候才想起来去解决问题。以后，我们要改变思路，主动地发现问题、解决问题。这样，我们就能够在别人没有提出非议之前改进自己的产品，给大家提供更好的服务。我想，从此时此刻开始，我们都要具备自我反省的精神，这样，我们才能从被动挨打转化成主动出击。当然，这一切都要感谢那些曾经质疑我们的同行和顾客，是他们启发了我的思路，使我找到了一条适合公司发展的道路。只要我们有着不断自省和创新的精神，我相信，我们的产品一定会更加完美，带给顾客更好的消费体验。"

自此，黄翔主动带头，成为公司中不断进行自我否定、追求创新的标兵。在他的带领下，自我反省、自我否定、不断创新成为公司的精神，几乎每个员工都满怀热情地投入工作。果然，经过几年的发展，黄翔的公司已经由行业里默默无闻的小角色变成了一枝独秀。

如果没有那些同行或者善意或者恶意的否定，如果黄翔故步自封，从不在乎别人怎么说，也不反省自己，改进自己，那么，黄翔的公司很难有今天的成就，甚至早就在激烈的市场竞争中倒闭了。面对这样的局面，值得庆幸的是，黄翔始终没有放弃。从别人否定他，转变为他自己否定自己，正是这样的转变，才使黄翔能够理智客观地分析问题，主动地改进、创新，最终使公司获得了新生。

记住，没有人是完美的。既然是人，就一定有缺点和不足。要想进步，我们就要敢于否定自己，敢于接受那些批判和质疑的声音，只有这样，我们才能不断地进步。

第 8 章

学做勇敢的自己，让奇迹在你的生命中发生

我们都知道，没有人的人生会是一帆风顺的，任何人的人生都必然要经历坎坷挫折和重重磨难，最终才能让人生的格局从局促逼仄到开阔敞亮。而只有强者，才能领略到成功的喜悦，成功总是青睐强者，因为强者无畏人生的风风雨雨，始终能够踏着泥泞风雨无阻地前行。因此，只有当我们勇敢无畏地挑战人生，人生才是鲜活的存在，也才能迸发出无限的可能性。

放下自己的怯懦，塑造充满勇气的智慧人生

任何时候，我们都应该自信而勇敢地追求自己的人生，不以怯懦的行为来敷衍了事。怯懦是形容很没有主见，心中没有主意，总是一味地顺从，对一些既成的事实深信不疑，缺乏一定的怀疑精神。在怯懦者身上时常显露出这样的特点：嘴里好像从来不说任何意见；面对他人的提问，只点头不摇头。也许，有人会问：难道他们就没有自己的想法和立场吗？当然不是，他们之所以怯懦是源于内心的不自信，以及缺乏表露想法的勇气。

老张是公司的老员工，辛辛苦苦工作好几年了，职位却一直没有变。在平时的工作中，他认真负责，与身边的同事相处得也比较和睦，对上司更是敬重有加，不过，进入公司快10年了，许多比他晚进公司的同事都得到了晋升，只有他还在原地踏步。同事戏谑地问他："对你的工作挺满意吧？"他总是乐呵呵地回答："是的。"在与同事相处中，遇到不同的意见，老张总是对这位说："是，你说得对。"回过头，他对那位也说："对，你说得没错。"这样没有立场的说话态度，让同事

感到很扫兴。

实际上，老张并没有发现自己没有得到重用的原因就在于自己怯懦的性格，不管是与上司打交道，还是和办公室的同事相处，他从来都是一副怯懦的样子。这点可以从他说话看出来。例如，他总是说“是是是”“好好好”，从来不会说反对的意见。刚开始同事接触到他，以为他这样的性格是由于陌生的关系，不想得罪人。时间长了，与同事都熟络起来，他还是这样的性格特点，同事就觉得很讨厌了，而且，总觉得他这个人比较“虚伪”，不愿意与之交往。上司觉得老张没有自己的想法，只会一味地顺从，这样的人对公司不会有很大的帮助，于是就一直没有重用他。

在公司，没有谁与老张能够谈得来，因为大家觉得他这种模糊的表达方式，唯唯诺诺的个性让人非常不舒服。所以，最后老张既没有得到领导的赏识，也没有获得同事的好感，而且还非常令人讨厌。

虽然恭顺比较讨上司的喜欢，但是一味地服从只会让上司厌烦。在更多的时候，上司希望下属能够有自己独到的见解，这样才能看清楚一个人的价值。如果在任何时候都显得怯懦，不敢表露自己的真实想法，诸如老张这样的下属将不会得到重用。对于那些怯懦的人，他们身上还会显露一个共同的特点：做事犹豫不决，缺乏勇气。通常去做一件事情的时候，他们无法相信自己的判断，以至于最后他们没有勇气去做这件事情。

比尔·盖茨说：“所谓机会，就是去尝试新的、没做过的事。可惜在微软神话下，许多人要做的，仅仅是去重复微软的一切。这些不敢创新、不敢冒险的人，要不了多久就会丧失竞争力，又哪来成功的机会呢？”微软只会青睐那些敢于冒险、相信自己判断的人，而这是怯懦者身上最缺乏的精神。当不自信变成一种习惯的时候，那么怯懦的个性就已经诞生了，因此，克服自己怯懦的缺点，就必须学会相信自己，不仅如此，我们还应该勇于挑战自我，这样我们才能塑造充满勇气的自信人生！

福特汽车总裁菲利普说：“假如人人都缺乏冒险精神，那么今天就没有了电源、镭射光束、飞机、人造卫星，也没有盘尼西林和汽车，成千上万的成果将不可能存在。如果生活在一个没有冒险的世界里，我们必将面临重重危机。”所以，放下自己的怯懦，塑造充满勇气的智慧人生。

自卑是阻碍人们继续前进的陷阱

一位来自城里的记者询问在夜间忙碌的农民：“为什么要在夜间翻地呢？”农民回答说：“在夜间翻地，野草的生长率会降到2%，但若是让野草照到一缕阳光，它们便会快速生长，生长率高达70%呢。”听到这样的回答，记者当时惊呆了，他并不是因为快速生长的野草会影响农作物，而是被野草的生命之美所感动。野草，本来是多少不起眼的小生命啊，但是因为那一缕阳光的生命力，能够怀抱自信，冲破黑暗，沐浴阳光。就连野草这样卑微的生命都对自己充满了信心，我们为什么要自卑呢?

自卑是一种因过多的自我否定而产生的自惭形秽的情绪体验，其实，在生活中，几乎每个人都有自卑心理，只是程度不同而已。适度的自卑能够激励人们发奋努力，获得成功，但是过度的自卑，则会影响一个人的心理、行为，乃至事业成就。那些对自己缺乏信心的人过度关注自己的生理缺陷和能力的不足，导致其心理承受能力十分脆弱，经不起较强的刺激。他们很容易对他人产生猜疑、嫉妒心理，行为总是畏首畏尾、瞻前顾后等。

或许他们本可以成为优秀人才，但是由于自卑，他们看不到自己的特长，不敢发挥自己的优势，最终只能碌碌无为。自卑，就好似一个陷阱，阻碍人们继续前进。因此，我们要丢掉自卑，让自信的阳光洒满心房。

拿破仑说：“只要有信心，你就能移动一座山。只要坚信自己会成功，你就能成功。”可是，在生活中，拥有信心的人并不多。自信本身并不神奇，也不神秘，但是，如果你相信自己确实能够做到，自然就会信心百倍。

读过《简·爱》这本书的人都会被那个自信的女孩所吸

引，在书中，家财万贯、性格孤僻的庄园主罗杰斯特为什么会爱上地位低下而又其貌不扬的家庭教师呢？答案其实很简单，因为简·爱自信、自尊，富有人格魅力。正是这种自信的气质与魅力，使她获得了罗杰斯特由衷的敬佩和深深的爱恋。

有人在研究当代世界名人的成长经历之后发现，这些名人对自我都有一种积极的认识和评价，表现出相当的自信。坚定的自信心，不仅使人在事业上不断进步，达到既定目标，而且，使人在性格上重塑自我，增添人格魅力。

改变自己就要学会接受新事物

人生在世，谁不渴望出人头地？美国成功哲学演说家金·洛恩说过这么一句话："成功不是追求得来的，而是被改变后的自己主动吸引而来的。"我们之所以没有成功，是因为在我们身上存在许多致命的缺点，如自私、傲慢、急躁、没有明确的人生目标、缺少自信、做事情不脚踏实地、没有耐心等，这些缺点严重制约了我们的发展。只要对自己进行深刻的检讨，采取改进措施，你的精神面貌就会发生巨大变化，会感觉到自己在一天天地向成功迈进。

改变自己就要学会接受新事物，每个人都有着无限的潜能等待开发，只可惜，我们往往限制了自己的心态。科技进步的速度快得惊人，相对地也引导社会各方面的发展，如果你仍一味地沿用旧的思想、旧的做法去做人做事，那就会被社会淘汰。所以千万不要当个死硬派，很多不该再坚持的观念，何苦抓住不放呢？接受新思想，摒弃不适当的旧观念，会使你改造自己，成为扩大格局的好起点。

有人会说："我是很想立即改变现状，但周围的大环境就这样，不允许，没办法呀！"他必定是忘了：一个人在面临无法改变的环境的时候，首先要学会改变自己，自己改变了，环境也会随着改变。西方有句谚语："生存决定于改变的能力。"不少人往往是一方面想改变现状，另一方面又害怕承受痛苦，结果把自己弄得既矛盾又挣扎，折腾了一大圈又绕回到起点。改变是痛苦的，但是，如果不改变，那将是更大的痛苦。

成功学专家陈安之说："不要把赚很多钱当作你人生最重要的目标。只要你能够成为最好的人，最好的事情也就会发生在你身上。当你想要得到一切最美好的事物，你必须把自己变成最好的人。"所以，在失意的时候，不要急着抱怨这个世界不公平，世界从来不会因为某个人的抱怨而改变。不如改变自己来适应环境，如果人是美好的，他的世界就是美好的。

"适者生存，不适者则被淘汰"，这是自然规律，世上的事物时时刻刻都在发生着改变。如果你跟不上社会的步伐，你就会被社会抛得越来越远。面对这样的状况，只有改变自己才是出路。许多时候，担心是多余的，欣然地面对现实，勇敢地接受挑战，就会塑造一个“全新的自己”。人生是由一连串的改变形成的。当你的环境、教育、经验、吸收的信息发生变化，你的心理多多少少都会产生不同程度的变化。改变就是机会，只要你善于改变，就会有好的机会与开始，而且，唯有良好的自我改变，才是改变事情、改变状况，甚至改变环境的基础。

世界是在不断发展变化的，每个人也是在不断发展变化的。变化始终存在，不管这变化是好是坏，我们都必须接受，而变化的好坏往往取决于人的适应能力。要适应瞬息万变的社会，我们必须做出改变，而且改变必须从今天开始，马上开始，从自己开始，从每一件小事开始。这样才能获得成功！

适者生存，这是人类一切问题的答案。试图让整个世界适应自己，这便是问题所在。试图让一切适应自己，这是很幼稚的举动，而且是一种不明智的愚行。想要改变世界很难，而改变自己则较为容易。如果你希望看到自己的世界改变，那么第一个必须改变的就是自己。

战胜畏惧，义无反顾地往前走

勇气是任何事业成功的的基础，一个人缺乏勇气，甚至恐惧缠身，自然会一事无成。有些事固然是看起来容易，做起来难，但现实中也有许多事情看似很难，实际上做起来并不像我们想象的那样难。有时正是自己的畏惧，加剧了自己的怯懦，不敢努力去实践，甚至放弃目标。当然，对困难予以充分的估计是必要的，但不能因此而失去勇气。

我们应充分看到自己的能力，鼓起勇气，树立自信，同时辅之以积极的自我暗示、自我激励。如“这点区区小事不值得害怕”“别人能做到我也能做到”，从而为自己打气、壮胆。在困难与阻力面前要有一股敢于搏斗的勇气和气势，从而战胜自己的畏惧。迎着困难与压力迈出关键的第一步，并义无反顾地大胆往前走。这样，成功与希望就会向你招手。

尼采说：“当我们勇敢的时候，我们并不如此想，我们一点也不认为自己是勇敢的。”有时候，内心畏惧是源于我们总是不断地逃避问题，那些怯弱而畏惧的人通常都是这样。其实，当我们试着去改变自己的内心，让自己内心变得强大起来的时候，我们会惊讶地发现，克服挫折不过如此，它容易得就像是跨过一道门槛。但是，如果总是任由内心畏惧而不去改变，那么，我们将失去许多成功的机会，因为幸运总是降临在那些有着强大内心、坚韧精神的人身上。

内心畏惧的人常常表现为害怕困难，意志薄弱，惧怕挫折，内心异常脆弱。遇到挫折，总是习惯性退缩或者消极抵抗，不愿意冒险，惊慌失措而不知怎么办才好。其实，内心越是畏惧，挫折就会变得越来越强大；而内心越是强大，挫折就会变得不堪一击。我们要想成功地战胜挫折，首先应该战胜自己内心的畏惧，让自己变得强大起来，挫折与困难才会迎刃而解。

人生的种种历练，对于我们来说，可能是一种折磨，但是，它更是一种锤炼，暂时的痛苦算不了什么，只要心中有勇气，一次次经受住磨炼，不畏困难，最后我们定能练就出一块坚韧的钢。在日常工作中，我们也会遇到种种困难，有成功就有失败，有喜悦就有眼泪，但是，哪怕是失败和眼泪，它所能带给我们的依旧是不断的尝试，而不是最终的结果。失败算不了什么，关键是你不能失去坚持下去的信心，以及那份深藏内心的坚韧。

心怀勇气，有信心攻克难关，最后，你就能赢得工作上的成功。谁也不想自己的一生碌碌无为，人人梦想一生成功、富贵，可是只有少数人与成功、财富结缘。我们常抱怨自己没有遇到好机会、生不逢时，然而机会一旦降临，你是否有足够的勇气和胆识去把握？因为坚韧，百炼成钢，只要心中怀着勇气，我们就毫不畏惧。

正视内心的恐惧，从容生活

每个人内心深处都有恐惧，渐渐地，恐惧成为我们生活的一部分，始终伴随着我们的生活。走遍世界的每一个角落，我们都无法摆脱恐惧，因为恐惧是人与生俱来的心理，所以真正的强者并非从不感到恐惧，而是他们能够从容面对内心的恐惧，从而做到勇敢面对生活。

恐惧不仅是一种心理感受，也是一种行为模式，适用于大多数人。现代社会，恐惧更是成为大众的流行病，尤其是在重重的压力之下，人们的内心更是心惊胆战、提心吊胆。所以，我们不敢失败、不敢停留，只能一刻不停地往前奔去。我们不敢生，也不敢死，更不敢生病，生怕人生一旦被中止，就再也无法成功起航。

毫无疑问，生活中每个人都想成为强者，都想成为命运的主宰，都想驾驭命运。偏偏，我们总是难以如愿以偿，一方面是命运太残酷；另一方面是我们的内心太恐惧。在这种情况下，我们要想把握人生，首先必须战胜自我，战胜内心的恐惧，这样才能勇敢地面对生活。当然，恐惧的形式是多种多样的，并不拘泥于某一种形式。

也许从心理学的角度而言，恐惧的存在是完全正常的。但是从现实生活的角度而言，恐惧依然会影响我们的人生与生活。所以，我们必须学会与恐惧和谐相处，唯有如此，我们才能把恐惧变成人生的常态，也才能彻底消除恐惧对人生的负面影响。

很久以前，有个男孩住在美国的一个偏僻乡村里。他虽然看起来身强体壮，非常勇敢，但是他唯独害怕家里圈养的牲畜。这种牲畜不是猫狗，也不是骡马，而是伸长了脖子的大鹅。男孩也不清楚自己为何一见到鹅就浑身瑟瑟发抖，他认为自己只要靠近它们，就会被它们啄。遗憾的是，男孩并非住在大城市里的公子哥，他在没有长大成人遨游天空之前，只能住在乡村，只能忍受那些随处可见的鹅。所以，他时常被这些鹅吓哭。

有一次，他去叔叔家里做客。正当他玩得高兴时，一只大鹅突然跑出鹅圈，他吓得浑身瑟瑟发抖，呜呜直哭。幸好，他还能奔跑，因而赶紧从叔叔家跑开了。后来，他有很长一段时间不敢去叔叔家里玩，然而没过多久，他又蠢蠢欲动，再次去了叔叔家里。这次，叔叔答应他提前就把大鹅关好，保证大鹅不会跑出来。叔叔虽然当时答应了他的请求，但是心里却暗暗打定主意要帮助他战胜内心的恐惧。就这样，他刚刚去玩了没多久，一只鹅就从鹅圈里跑到院子中，正是上次把他吓哭吓跑的那只大鹅。他马上就想像上次一样逃跑，却发现叔叔非但没有驱赶大鹅，反而站在门口拦住了他的去路。叔叔一本正经地告诉他：“孩子，我知道你很害怕大鹅，但是你不可能逃避它一辈子。叔叔相信，只要你勇敢面对，就一定能够战胜内心的恐惧，就一定能够彻底打败这只大鹅。”说完，叔叔还拿起一根木棍给他。他无路可逃，看了看叔叔，又满怀恐惧地看了看那只大鹅，然后还看了看手中紧紧握着的木棍。男孩知道自己没有退路，也隐隐约约感到叔叔所说的话很有道理，因而他下定决心，一咬牙，拿起木棍朝着大鹅走去。他要与大鹅决斗，他的脸上带着被逼出来的视死如归的表情。在靠近大鹅的时候，为了给自己壮胆，他大吼一声，朝着大鹅跑去。没想到，大鹅反而掉头逃跑了。见此情景，他原本紧张得颤抖的心，渐渐鼓起勇气。最终，他赶上大鹅，用木棍狠狠地敲打了大鹅一下。大鹅落荒而逃，他如释重负地笑了："原来，大鹅并没有那么可怕。"从此之后，大鹅看到他就躲得远远的，他也彻底征服了自己内心的恐惧，变得更加勇敢。

如果不是叔叔逼着男孩面对大鹅，也许男孩这一生之中看到大鹅都会心怀恐惧。不仅对于一个农村的孩子而言害怕大鹅是很糟糕的，就算对于城市的孩子而言，害怕大鹅这种最普通的家禽也会给自己带来难堪。

现实生活中，很多人都心怀恐惧，当然，他们恐惧的东西也都是不一样的。不管怎样，我们要想拥有勇敢无畏的人生，就要勇敢地面对自己的内心，逃出我们心底的囚牢，这样才能最大限度地发挥我们的潜力，拥有最完满的人生。

爱自己，绝不妄自菲薄

人们常说，骄傲使人落后，谦虚使人进步。因此，我们从小就戒骄戒躁，总是认为唯有谦虚，我们才能获得更大的进步，也才能让我们的人生获得更长足的发展。的确，谦虚能够帮助我们保持空杯心态，更加虚心进取，也最终使我们获得成功。但是，凡事皆有度，谦虚一旦过度，就变成自卑，变得和骄傲一样阻碍我们的进步。从某种意义上说，过度的谦虚和骄傲一样使人退步。尤其是在关键场合，人们常常因为自卑变得怯懦，不愿意在他人面前展示自己，也极度缺乏自信。长此以往，他们必然陷入自卑的陷阱之中无法自拔，也因为害怕失败而与成功绝缘。

黑格尔是德国大名鼎鼎的哲学家，他曾经说："自卑总是和懈怠相伴而行。"从心理学的角度而言，自卑是一种性格上的缺陷，自卑者往往低估自己，缺乏自信，也因而妄自菲薄。纵观古今中外那些成功者，细心的朋友会发现，每一个成功者都充满自信，他们相信自己有能力获得成功，并且为此不懈努力，最终才真正获得成功。因而做人一定要高看自己一眼，摆脱自卑的泥沼，我们才能展翅翱翔。记住，谦虚和自卑永远有着本质的不同，我们可以谦虚，却不能自卑，更不要妄自菲薄，因为别人无心的评价就轻易改变自己。我们要有足够的自信，相信自己是这个世界上独一无二的个体，这样才能帮助我们成就人生，收获快乐。

古人云，身体发肤，受之父母。每个人都要珍惜父母给予我们的天然容貌，不要为了追求所谓的美丽，更不要为了挽回爱人的心，做出荒唐的举动。在这个世界上，每个人都是独一无二的个体，每个人都有自己与众不同的脾气秉性、性格爱好。我们唯有更爱自己，才能做到拥抱和珍惜生命。其实，对于任何人而言，坚持自我、高看自己一眼，都是难能可贵的品质。尤其是在从众之风盛行的今天，有个性的人越来越少。当我们变得和他人一样，我们还有什么存在的意义呢！一个人不管是在生活中还是在工作中，也不管面对怎样的人和事，都要做到坚持自己。

大家都知道举世闻名的笑星卓别林，他在荧幕上给无数人带来快乐。殊不知，卓别林刚刚开始从事演艺事业时，也很喜欢模仿他人，他总是模仿其他的笑星，但是最终毫无所成。广大观众希望从荧幕上看到与众不同的表演，而不只是看到盲目的模仿。意识到这一点之后，卓别林不再模仿那些成功的喜剧演员，而是发掘自己的特点，让观众朋友在荧幕上看到与众不同的自己。最终，他走出了自己的独特演艺道路，也才真正最大限度地发挥自己的才能。朋友们，我们也要坚持自己，也要高看自己，不要盲目地模仿他人，更不要毫无原则和底线地改变自己，这样我们才能拥有自己截然不同的独特人生，也才能赢得他人的认可和赞赏。做自己，这是我们最重要的人生目标。

第9章

正视苦难的价值，暂时的困境没有什么大不了

有人说，苦难是一所学校，因为苦难是品质和意志力的打磨器，那些在苦难中坚持下来的人，最后都取得了胜利的果实，的确，对于任何人来说，每一种创伤都是一种成熟，无论是成长还是成功，都离不开失败的历练，跌倒了并不可怕，关键是我们要在心中种下希望的种子，只要你满怀希望，然后坚持下去，不可能也会变为可能。

困境中获得的经验与教训，是成功的踏板

佛家曰："每个困境都有其存在的正面价值。"生活中，人们听到"困境""挫折"这样的词儿总是紧皱眉头，郁郁不得志。在他们看来，困境意味着绝路，或许自己再也没有翻身的那一天了。但事实并不是这样，多少成大事者都是从困境风雨中走过来，从而获得了巨大的成功。也许，你会问，同样是困境，怎么会出现这样大的差别呢？那是因为，困境本身自有它积极的一面，在困境风雨中，那些坚持下来的人，他们往往会收获一份意想不到的礼物：或是乐观的心态，或是顽强的斗志，或是困难中的机遇，正是这些困境中获得的经验与教训，铸就了他们最后的成功。

人生因在逆境风雨中的历练而变得多姿多彩，也许我们并不欢迎困境、磨难的到来，但是，当它们与我们不期而遇的时候，请不要回头。困境就好似一个魔鬼，一旦它看上你，就会对你穷追猛打、不舍不弃。而那些躲避甚至逃跑的人，只会被它欺负得更加悲惨。

格哈德·施罗德出生在一个工人家庭，小时候，父亲在远

征苏联的战争中牺牲，施罗德兄妹五人与母亲相依为命。有一段时间，他们住在一个临时搭建的收容所里，尽管母亲每天工作长达14个小时，但仍然不能满足家里的开支。年仅6岁的施罗德总是安慰母亲："别着急，妈妈，总有一天我会开着奔驰来接你的。"

逐渐长大的施罗德进了一家瓷器店当学徒，后来又在一家零售店当学徒，1963年，施罗德加入了民主党。在之后的10年里，他读完了夜校和中学，后来到格丁根通过上夜大来攻读法律。大学毕业后，他获得了律师资格，成为一名律师，不久之后，他当选为社民党格丁根地区青年社会主义者联合会主席。在以后的日子里，施罗德一直活跃于德国政坛，46岁那年，施罗德再次竞选成功，成为萨克森州州长，就是在这一年，施罗德实现了儿时的愿望，开着银灰色奔驰轿车将母亲接走了。也许，是儿时的苦难记忆，施罗德在人生的道路上丝毫不敢懈怠，8年之后，施罗德一举击败连续执政16年之久的科尔，当选为德国新总理。

童年时期的施罗德曾在杂货铺里当学徒，那时他常说的一句话是："我一定要从这里走出去！"他成功了，而且比自己想象中走得更远。即使在成功的路上伴随着困难与逆境，但是施罗德从来没有把逆境当成一回事，而是善于从逆境中获取自己想得到的礼物，儿时的记忆让他明白：自己必须牢牢抓住隐藏在困难中的机遇，不断地前行。或许，那隐藏在逆境中的机遇，就是上天给予施罗德的礼物。

任何一个人在成长的过程中，都将注定经历不同的苦难、荆棘，那些被困难、挫折击倒的人，他们必须忍受生活的平庸；而那些战胜苦难、挫折的人，他们能够突出重围，赢得成功。逆境所带来的礼物远比它本身有意义，当然，我们获取礼物的前提条件是你能够坚持下去，否则，你只会永远被列入平庸者之列。

如果你想成大事，那么你必须经得起逆境风雨的洗礼，经得起失败的打击。成功是需要风雨的洗礼的，而一个有追求、有抱负的人，总是视挫折为动力。所谓“能受天磨真铁汉，不遭人嫉是庸才”，困境，对天才来说是一块成功的跳板，对强者来说是一笔宝贵的财富。

人生历经苦难，变得更厚重

一个人如果从未吃过苦，他就不会知道什么是甜。一个人如果从未受过累，他就不会知道什么是享福。一个人唯有经历过苦难，从苦难的学校里毕业，才能更加用心投入地享受生活。所以人生不能总过于安逸，否则就会因为各种各样的安逸，变得从不知道生活的美好，也会禁锢自身的发展。与此恰恰相反，苦难是一所学校，每个人经历苦难的洗礼后，都会变得无所畏惧。一个人只有不畏艰难，才能获得更大的成功，拥有更加美好的人生。

如果我们想要真正拥有人生，也活出独属于自己的风采，那么我们就要接受人生的磨砺，从而让自己变得更加强大从容。就像太阳每一天都会东升西落一样，苦难也理所当然与我们的人生如影随形。对于苦难，如果我们总是排斥和抗拒，那么我们的人生一定会更加紧张局促。如果我们能够从容接受、坦然面对，那么苦难带给我们的负面影响就会降低和减弱，我们的人生也会更加从容不迫。

很久以前，亨特曾经是一家钢铁公司的员工。遗憾的是，在人生之中，我们永远不知道意外何时会到来。有一次，亨特正在工作，突然发生机器故障，导致他的右眼失明，医生不得不摘除了他的右眼球，从此之后原本乐观开朗的亨特变得沉默寡言，对于人生也失去了希望。他从医院出来之后就一直待在家里，因为他不知道如果别人看到他的眼睛，将会怎样嘲笑他。看到亨特的样子，妻子玛丽感到忧心忡忡。她并不担心亨特会失去经济来源，她只是想看到亨特和以前一样开心。为此，玛丽主动承担起养家糊口的重任，她还在正常工作之余在晚上兼职了一份工作，因为她不想让亨特为钱感到烦恼。与此同时，玛丽也相信随着时间的流逝，亨特的情况一定会越来越好的。

然而，事情并没有朝着好的方向发展，很快，亨特左眼的视力也开始急速减弱。一个周末的清晨，儿子正在院子里踢球，亨特却问："谁在那里？"玛丽知道，亨特很快就会彻底失明。想到这里，玛丽不由得悲从中来，流下泪来。然而，当亨特知道自己即将面临失明时，反而变得冷静，不再焦灼不安了。玛丽每天把自己打扮得漂漂亮亮，因为她想让丈夫记住自己最美丽的样子。为了让亨特心中留住一个焕然一新的家，玛丽还专程请来油漆工，把他们的家重新粉刷。油漆工干活很认真，足足用了一周的时间，才粉刷完整个家。得知玛丽的心愿，油漆工说："很抱歉，我粉刷得太慢了。"亨特说："没关系，每天听着你边哼歌边工作，我的心情也跟着好起来。"

结算工钱的时候，油漆工坚持少要100元钱，亨特却说："从你身上，我知道了原来残疾人也可以这样自力更生，谢谢你。"亨特坚持要多给油漆工100元钱，因为他从只有一只手的油漆工身上学到了很多。

就算是失明的人，心中也可以有希望和憧憬。就算是只有一只手的残疾人，也可以依靠自身的努力自力更生，有尊严地活着。常言道，哀莫大于心死，任何时候，哪怕我们饱经生活的磨难，但是只要我们有着积极乐观向上的心，我们就可以扬起生活的风帆，奋勇向前。在苦难这所学校中，只要毕业了，我们就能成为人生的强者，无论何时都会在生命历经风雨之后绽放出七彩的虹。

人生的道路很漫长，每个人在人生之路上都会欣赏到美丽的鲜花，同时也会被荆棘刺伤双脚。不管是对于学业的失意，还是对于疾病的折磨，抑或是面对亲人的生老病死，我们从踏上人生征途的那一刻开始，就应该接受命运的坎坷和磨难，从而才能够坦然面对生命，让生命绽放出美丽的华彩。

从容不迫，也能在苦难的土壤中开出绚烂的花朵

一个人如果被苦难打败，人生的路必然越走越窄，因为他们没法拓宽人生的道路，让自己奔向康庄大道。当然，不可否认的是，对于任何人而言，苦难都是非常残酷的。但是，苦难却并非不可战胜的。面对苦难，如果我们退缩了，那么未来我们依然会对苦难束手无策。相反，我们只有鼓起勇气战胜苦难，才能成功地超越人生，让我们的人生更加从容不迫，也能在苦难的土壤中开出绚烂的花朵。

对于人生而言，真正的强者，必然是能够利用苦难来磨炼自己的。和一帆风顺的人生境遇相比，只要我们足够坚强，也能勇敢面对，那么苦难将会赋予我们更多的理解和启发。所谓苦难，实际上就是人生的各种不幸。我们难道能够逃脱命运的安排，做到不管何时，都身处顺境，而摆脱逆境吗？当然不能，因为每个人对于命运都没有权利做主。假如我们也能像迎

接人生的顺境一样心境从容地面对各种苦难和磨难，那么我们的人生一定会更加从容，得到更多奋进的机会。

对于博尔而言，人生其实没有什么意义。他从小就身患残疾，长大之后因为经济方面陷入困顿，简直失去了活路。所以博尔如今很消沉，根本不愿意继续努力地活着。有一天，博尔专程去拜访了牧师。那时，牧师因为突发脑溢血，变得半身不遂，而且语言表达能力也基本丧失。尽管医生已经断定牧师在未来的人生中都将如此，但是牧师却凭借自身顽强的毅力，渐渐战胜了残酷的命运。就在医生宣判他一辈子都要这样之后没多久，牧师居然学会了说话，而且能够勉强站起来走动了。这不得不说是个奇迹，为此博尔也想找到牧师，忏悔自己的心灵，获得彻底的解脱。

听完博尔的讲述之后，牧师深有感触地说："的确，你的命运简直太悲惨了，所以你才会变得这么沮丧绝望，你只想从声声叹息中找到一丝丝安慰。但是，你其实可以努力抛开痛苦，让自己变得快乐起来。要知道，有些人可以点燃悲哀，让生命在痛苦中涅槃，从而获得更加伟大的新生力量。"说完，牧师指向窗外，对博尔说："看看这些树木。在还是小树苗时，它们被种下，也被这些铁丝捆绑。然而十几年过去了，它们之中有些树木因为铁丝的束缚枯死了，而有些树木却依然能够长成参天大树。就像这棵，看看吧，你简直难以想象，它以顽强搏发的生命力，挣脱了铁丝的束缚。"牧师告诉博尔，他曾经无数次看着这些树，思考活着的意义，思考如何对待磨难才能让人生变得与众不同。最终，牧师告诉博尔：“不要与苦难对抗，而是将其作为你生命中理所当然应该存在的一部分，这样你才能真正战胜苦难，借助于苦难让自己变得强大起来。”

前文就说过，苦难是一把双刃剑，既可以帮助人们变得强大，也有可能使人们变得胆小怯懦，最终自我毁灭。而在苦难面前采取怎样的态度，完全在于我们的内心，当我们的内心足够强大，我们就能踩着苦难的阶梯不断攀升，当我们的内心虚弱无比，苦难就会将我们打倒，使我们根本无法成功挣脱苦难的束缚。

任何时候，我们都应该让自己的心思变得更加灵活。尤其是在遭遇挫折的时候，我们更要想方设法保持精神上的强大，从而才能把苦难带来的阴霾和伤害从我们心中驱散，也才能让我们的生命更加丰盈厚重。

唯有在泥泞的道路上，我们才能留下脚印

每个人都梦想着自己的一生能够非常顺利，最好能够从不经历任何风雨的打击和洗礼。然而，这个梦想也只是一个梦想而已，因为大多数人的人生都充满了坎坷与挫折。真正的强者

会从磨难的学校里毕业，而那些弱者在面对磨难时只会一味地退缩、逃避。其实，人生道路就是这样艰难，我们与其抗拒人生的风雨，不如认识到唯有在泥泞的道路上，我们才能留下脚印。

没有人能够选择自己的命运，一切在我们降临人世的那一刻已经注定，但是我们虽然无法使命运改变，却可以决定把什么东西作为内容填充到命运之中。所以说，人虽然无法选择命运，却能决定自己走怎样的人生道路。如果走在平坦的康庄大道上，风和日丽，晴空万里，那么我们如同云飘过，根本不会留下任何痕迹。如果走在风雨泥泞的坎坷道路上，也许风雨交加，也许狂风大作，甚至还会有寒冷等极端的天气，但是回首的时候，我们却可以看到自己留下的一串串脚印，是那么清晰而又深刻。

鉴真和尚刚刚出家的时候，在住持的安排下，当了行脚僧。这可是个苦差事，寺庙里很多和尚都不愿意做，只有鉴真初来乍到，别无选择。

一天，鉴真睡得昏昏沉沉，直到太阳晒屁股了，依然沉睡不醒。住持不知道鉴真怎么了，便走到鉴真休息的地方去查看情况。真是不看不知道，一看吓一跳。原来，鉴真不知道什么时候把一堆破烂不堪的芒鞋都堆在床头了。住持喊醒鉴真，问："你为何不出去化缘？这些芒鞋都是做什么用的呢？"鉴真睁开惺忪睡眼，漫不经心地问住持："别人穿了一年的芒鞋都还完好无损，我才来寺庙里一年多，就已经把这么多双芒鞋都穿破了。我觉得我以后也应该少出门，为寺庙节省芒鞋呢！”住持当然知道鉴真的意思，因而笑着说：“既然如此，你不如再跟我出去一趟，正好昨夜才下了雨，空气很好。”

鉴真跟随住持来到寺庙前的一座土坡上，的确，昨夜雨水很大，道路还很软烂，泥泞不堪。住持对鉴真说：“你也剃度一年了，你还记得自己最初遁入空门的梦想吗？”鉴真点点头，毫不迟疑地说：“当然，我要光大佛法，成为世人皆知的高僧。”住持说：“那么，你昨天出来化缘的时候，可曾在这条路上走过吗？”鉴真点点头：“当然，这是我每天的必经之路。”住持若有深意地笑了，问鉴真：“那么，你能把你昨天走过的脚印指给我看看吗？”鉴真说：“昨天没有下雨，道路很干很硬，根本不可能留下脚印啊！”住持又笑了，说：“现在，你随我一起在这条路上再走一遍，再看看有没有脚印吧！”很快，鉴真跟随住持从这座土坡上走过，再回头看，果然路上有着深深的脚印。鉴真若有所思，住持说：“看看吧，普天之下芸芸众生，有些人始终碌碌无为，有些人却能够在人生的路上留下脚印。这就是因为有的人走在平坦的路上，有的人却只走泥泞的道路。虽然艰难，但是雁过留声，人过留痕，我们在世上走一遭，也要留下自己的痕迹啊。”鉴真感到非常惭愧，把头垂得低低的。

这个世界上没有一蹴而就的成功，任何成功都是建立在坚持不懈的付出和努力之上。要想在人世间留下我们曾经存在的证据，我们不仅要走过康庄大道，更要走过那些艰难泥泞的道路，从而才能有所收获，人生也有所启迪。遗憾的是，生活中的很多人一遇到困境就会退缩，一遇到障碍就会放弃，而根本不懂得坚持才能突破困境，让人生进入崭新的天地。朋友们，从现在开始，让我们也多走走人生的泥泞道路，这样我们才能在艰难的跋涉中不断进步，坚持成长，也才能拥有充实而有意义的人生。

承受挫折，让生命在磨难中不断汲取养料

蝴蝶在突破蛹的过程中，必然要经历漫长难熬的过程。蝴蝶化蛹成蝶的过程是痛苦的，人生何尝不是如此呢？每个人的人生之路都注定不会一帆风顺，我们要想让生命不断蜕变，赢得我们想要的人生，实现最华丽的转变，就必须付出辛苦的代价，承受挫折，让生命在磨难中不断汲取养料，这样我们的人生才能充实，我们的未来也才能更加绚烂辉煌。

人生总是局促的，就像蝴蝶必须突破蛹那小小的洞口，奔向阳光下的飞翔，我们的人生也必须从狭窄逼仄的人生阶段挤过来，才能进入开阔地带，柳暗花明又一村。对于每个人而言，人生的希望就在于那些阻碍我们进步的挫折。就像现在很

多职场人士所说的，人生的发展遭遇瓶颈，又何尝不是一种希望呢。

在面对人生挫折的时候，成功者总是采取积极乐观的心态，勇敢面对。相比之下，失败者则总是瞻前顾后、犹豫不决，也没有勇气和毅力面对，最终在人生之中败下阵来，导致人生落魄绝望。实际上，正如有人曾经说的，每个人先天的条件都相差无几，最重要的在于后天的发展，拉开了人与人之间的距离。诸如，一个人要想成就自己，他的能力和水平并非是第一位的，最重要的在于他如何面对挫折。要知道，我们唯有积极乐观地面对挫折，在困难面前依然谈笑风生，才能更加勇敢地与挫折博弈，获得人生的更多机会。这并非只是简单说说而已的空谈，而是人生的技巧、生活的真谛。

作为中国的“跳马王”，正值人生花季的桑兰原本有着非常美好的人生，也有着不可限量的未来。然而，这一切都在1998年7月21日戛然而止。那一天，桑兰正在美国纽约为了参加第四届友好运动会进行赛前训练，不知道为何，她有个手翻转体动作产生迟疑，导致她头部着地，颈椎严重受伤。她的第五到第七颈椎因为受伤，出现开放性、粉碎性骨折，而且严重错位，导致中枢神经受伤。从此之后，年仅17岁的桑兰变成了高位截瘫者。即便对于普通女孩而言，这样的人生也是无法接受的，更何况是作为跳马精灵的桑兰呢！虽然桑兰受伤后就在美国得到了及时救治，但是她的身体再也无法复原了。得到消息后，美国当地民众以及很多中国华侨都对桑兰表现出关心。祖国人民更是时刻牵挂着桑兰的伤情。

在这个使人难以接受的灾难中，桑兰表现出莫大的勇气和毅力。她苏醒之后从未流泪过，从受伤后第一次出现在公众视野中，就是始终面带微笑。桑兰的笑容不但征服了美国，也让中国无数的同胞无比钦佩她。在美国进行10个月的治疗后，桑兰病情稳定，回到国内进行康复训练。她的人生目标从为国争光，争取得到金牌，变成了尽量自理，不给身边的人添麻烦。命运是如此残酷，桑兰却忍受着巨大的痛苦，始终积极康复，与身体因为重伤导致的各种并发症进行抗争。

后来，桑兰还努力学习文化知识，让自己成功实现了人生角色的转变。如今，二十几年过去了，桑兰已经拥有了爱她的丈夫和活泼可爱的儿子，她让自己作为女人的人生变得完整，人生再也没有遗憾了。

面对如此残酷的打击，如果换作其他女孩，也许早就倒下了。但是桑兰没有倒下，她是桑兰，用微笑征服了整个世界的桑兰。如今，桑兰不但从事各种公益事业，而且还拥有幸福美好的三口之家。不得不说，桑兰是命运的强者，也是人生真正的主宰。

朋友们，我们也要从桑兰身上学习坚强的品质，尤其是她面对挫折绝不屈服的精神。不管什么时候，人生都不会始终一帆风顺，我们唯有让自己变得内心强大，才能真正拥有成功的人生，才能让我们的人生如愿以偿朝着我们的目标发展。我们必须记住，哭泣无法消除任何苦难，也不能解决任何难题。唯有永远坚强，永远微笑，我们才能成为人生的主宰，驾驶命运的大船不断奋勇向前。

第 10 章

让未来的你，感谢那个适时转弯的自己

我们都知道，执着是一种良好的品质，是认准一个目标不再犹豫坚持去执行，这就是人们常说的“坚持就是胜利”。然而，过分执着就变成了固执，这是一种弊病。固执的人之所以固执，是因为他们对于自己要做的事心存执念，他们认准目标后便不再回头，撞了南墙也不改变初衷，直至精疲力竭。因此，有时候，要想找到正确的路，就必须重新审视自己的行为，放下那些无谓的执念。

错误的坚持，不如适时放弃

柏拉图曾说：“有些人的遗憾莫过于坚持了不该坚持的，而放弃了自己不该放弃的。”坚持，是一个鼓动人心的词儿，每每在我们不能继续的时候，头脑中就会冒出“坚持”这个字眼。但是，我们何曾想过：所有的坚持都有用吗？实际上，我们并不明白，有些坚持是无谓的，甚至，理智的放弃比无谓的坚持更明智。

生活中，有的人在坚持着，一直在坚持着，但他能坚持到什么时候，为了什么而坚持，却不得而知。当我们的坚持已经达到一定限度的时候，事情的结果却不遂人愿，这时候我们就应该反思了：这样的坚持有用吗？是否是无谓的？如果坚持下去没有结果，那不妨选择放弃，另寻途径，这样方能到达目的地。

凡事都坚持的人其实是钻牛角尖的人，他们对生活太过于较真，太固执，总是一条路走到黑，结果却是毫无所获。对此，在生活中，我们要明白，有些坚持是无谓的，这样的坚持可以适可而止，不需要太过于执着。

我们为什么说有些坚持是无谓的，那是因为继续坚持下去也不会有任何希望，只是浪费我们更多的时间和精力而已。对于这样的坚持，我们就可以说是无谓的，面对这样的情况，理智的放弃才是最明智的选择。

不知道你有没有注意到我们脚下的马路，你是否观察到没有一条路的方向是既定不变的，在遇到高耸的山脉的时候，它也总是绕道而行，这样既节省了人力，而且也方便了人们；不同的马路总会有交叉的时候，那意味着你可以换一个方向。其实，生活跟马路一样，也需要我们适时改变方向，这样我们才能找到生命最灿烂的美丽，才能展现出自我的价值。

不必较真，此路不通行彼路

懂得适时改变，这是智者的选择。当一个人的思想禁锢的时候，他已经无法为自己寻找一条生路了。要想获得成功，我们就必须懂得适时改变，故步自封或一成不变只会将我们推进无法回头的境地。好像一艘在大海里航行的船只，如果它想要行驶到自己的目的地，那么就应该懂得见风使舵。纵观世界万物，它们因为变通而赖以生存：为了适应大漠的风沙，仙人掌将叶子退化为刺；为了适应西北的狂风，胡杨扎根百米宽；为了适应海水的动荡，海带褪去了根须。

萧伯纳说：“明智的人使自己适应世界，而不明智的人只会坚持要世界适应自己。”懂得适时改变，实际上就是以变化自己为途径，我们改变不了处境，但我们却可以改变自己；即使改变不了过去，但我们却可以改变现在。在通往成功的路上，我们没有必要那么较真，既然前面的路行不通，那就走路边的小径吧。

适时改变并不是背叛执着，而是审时度势之后做出的正确选择。在前途茫然的时候，适时改变是一种理智；在误入歧途时，适时改变是一种智慧；在逆境中懂得适时改变，这是一种远离苦难的策略。

只知道不切实际坚持的蜜蜂最终走向了死亡，而懂得变通的苍蝇却生存了下来。执着与适时改变是两种人生态度，我们不能简单地说谁比谁更适合自己，但是，单纯的执着与改变都是不完美的，只有将两者结合起来才能达到成功。执着的精神令人敬佩，它可以使我们永远地坚持下去，如果这条路是正确的，那自然是最完美的结局；但是，如果这条路根本就是一条死路，无谓的坚持只会断送自己的美好前程，不妨适时变通，丢掉不切实际的坚持，变通将使我们受益匪浅。

爱默生说：“宇宙万物中，没有一样东西像思想那样顽固。”假如我们总是以既定的思维做事，即使闯入了死胡同也要撞得头破血流，那么，最后我们将作茧自缚。思想太顽固，太过于较真，那我们最终所走向的便是一条没有出路的死胡同。

身处逆境，我们要懂得适时改变，既有坚持，也需要适时放弃，因为做事灵活，懂得变通的人，总是能够赢得最后的成功。在逆境中，不切实际的坚持是愚蠢的，这样只会使自己在逆境中僵持得更久。所以，面对逆境，我们要懂得适时的改变，丢掉不切实际的坚持。

有意识地与时俱进，才能实现更好的发展

很多时候，我们尽管主观上愿意跟随时代的脚步，但是客观上，我们的思想却会背叛我们的主观意愿，导致与现实相分离，无法紧紧跟随时代的脚步。众所周知，世界上的万事万物都处于不停的变化之中，如果我们不能做到与时俱进，就会落后于时代，导致与时代脱轨，生活陷入被动。其实，思维的本义用来指某种理论、典范或者是假设的说法等。但是从广义的角度来说，这个词语指的是我们对于客观世界的各种观点。如今更是不断延伸，成为心理学术语，指的是我们来自感官的各种感受与体验。

在面对客观世界时，针对自己的所见所闻所思所感，每个人都有自己的思维。举例而言，只要是人，就必然有思维、有想法，而且还会产生各种细致入微的感情。因而，对于每个人

来说，都需要理智地看待这个世界，端正我们对待世界的认知和态度，从而对这个世界进行评价和界定，进行更加深刻的认识。

如果说要对人的思维进行形象生动的比喻，那么我们的思维无疑很像一张地图。要知道，地图并非任何明确具体的观点，而是提供给我们很多信息。思维也是如此，它并非具体的事物，而是能够对事物进行诠释的理论，提供给人的是一些信息。很多人都有过去到陌生地方的经历，会发现在陌生的地方如果没有地图的指引，就会感到很无助，根本分不清东西南北，也摸不到任何头绪，有种力气都没有地方使的无奈感觉。所以，我们的人生必须有一张准确的“地图”，这个“地图”要能够给我们提供有效的指引，从而帮助我们的人生更好地发展。正如南辕北辙的故事里所说的那样，假如方向错了，不管如何努力，都会导致事与愿违。唯有保持正确的方向，有一张清晰的心灵地图，我们才能目标明确，勇往直前。

当然，心灵地图不仅仅是为了面对客观存在的世界，更是为了面对我们自身。所以，心灵地图既有针对现实世界的，也有针对我们个人的价值观的。每个人都在无形之中接受心灵地图的指引，却有相当一部分人从未意识到心灵地图的存在。可以说，人们对于心灵地图的依赖，通常是在无意识的情况下进行的。

毋庸置疑，世界始终处于发展变化之中，对于我们自身而言，不管我们是否愿意，我们也处于发展和变化之中。因此，为了帮助自身实现更好的发展，我们必须有意识地与时俱进。举例而言，假如我们生活在一个城市里，却从不关注外界的变化，闭门不出，那么几年之后当我们走出家门，一定会觉得外面的一切都是非常陌生的。心灵地图也是如此，我们唯有随时进步，紧跟时代的脚步，更新自己的地图，才能真正做到与时代并驾齐驱，让我们的人生也更加从容坦然。

当然，从我们呱呱坠地开始，我们的心灵地图就始终以主动或者被动的方式不停发展着，有的时候速度很快，有的时候速度相对较慢，这不但受到我们自身心理发展的影响，而且与外界的影响也有密切关系。然而，只有正确的心灵地图，并不能保证我们的思想和行为也保持进步。我们只是以心灵地图做出行为上的指导，更多的时候，我们需要撇开假象的影响，透过现象看本质，从而了解地图的真相，也辨识清楚人生的面目。

归根结底，人生是漫长的，我们无法在一生之中始终与不变的“地图”相伴而行。我们应该持续地观察世界，修改“地图”，从而尽量客观准确地反映出客观事实，这样我们才能在瞬息万变的大都市里看清生活的本质，不至于迷路。“地图”之所以存在，就是因为我们始终在心中不停地描画“地图”。随着生活经验越来越丰富，人生阅历更加深刻，我们也知道要想拥有完满的人生，我们就必须充实自己的精神，让自己拥有“与时俱进”的心灵地图。

面对人生转折，勇敢地迈上新的征途

很多时候，我们不仅仅要主动地做出选择，人生的突发情况和意外事故，也会逼迫我们被动地做出选择。尤其是在面对人生的转折点时，我们哪怕再怎么担忧，也必须勇敢地迈上新的征途，因为人生无路可退，只能一路向前。

毫无疑问，每一个人都想要处于人生的巅峰，享受无限风景在险峰的人生胜境。然而，人生并非只有胜境，也会有低谷。不管是成功还是失败，都是命运对我们最好的赐予。而且，一时的成功并不代表未来会永远成功，一时的失败也不代表未来会始终失败。不管面对成功还是失败，坎坷还是顺境，我们都要摆正心态，从容应对。尤其是当人生突发意外时，往往更是考验我们的时候，我们必须勇敢地站起来，拍拍身上的尘土，继续人生的旅途。只有走出失败的阴影，踩在失败的阶梯上，我们才能勇敢踏入下一段人生旅程。

曾经有位作家说，人生就像是买橘子，当我们决定购买之后，那么我们就要为自己精挑细选的橘子负责。只有亲自品尝之后，我们才能知道橘子的味道，之前的一切都是揣测和预想。所以，当我们吃到甘甜的橘子，我们自然欣喜万分。但是当我们吃到酸涩的橘子，难道我们能扔掉吗？不，我们依然要勇敢地品尝到底。毕竟，不管是甘甜还是酸涩，都是人生的味道，都是我们不得不面对的选择和承受的人生。

自从退休之后，原本的邮政局副局长宋局长，就变得失魂落魄。原本他在邮政局是主管工程与建设的，整日忙忙碌碌，没有闲着的时候。而且，他握有实权，家里总是门庭若市，人来人往。尽管宋局长从不贪污受贿，但是对于同事、朋友来家里串门，喜欢热闹的他总是热情欢迎。

然而，这样的局面自从他退休之后，就彻底改变了。所谓职场，真正应了那句“人走茶凉”的老话。宋局长退下来之后，新局长上任，大家自然都去找那位新局长沟通感情、疏通关系了，谁还记得落寞的老局长呢！宋局长每天除了和老伴上街买菜，就是待在家里看电视，感觉日子无聊极了。渐渐地，他变得抑郁了，不知道自己还能做些什么，似乎一下子失去了人生方向。

看到爸爸郁郁寡欢的样子，女儿很心疼，于是她想了个办法，给爸爸办了一张可以游泳的健身卡，还主动邀请爸爸曾经的老朋友来家里玩。但是，不管谁来做客，终究只是暂时的，宋局长依然很抑郁。女儿思来想去，突然想起爸爸曾经说过，他年轻时最大的遗憾就是没有考上大学。为此，女儿提议爸爸去考大学。宋局长对于女儿的建议非常犹豫，也缺乏自信：“我还能去考大学吗？我的记忆力不好了，而且老眼昏花。”女儿不停地鼓励爸爸：“怎么不能呢，人家摩西奶奶作为一个农妇，从76岁开始拿起画笔，后来还在全世界范围内开办画展呢！爸爸，您可别忘记，您才60岁啊，难道就甘于服老了？！”就这样，在女儿的劝说下，宋局长真的开始复习高中课本，而且还报名参加了补习班。经过一年的刻苦努力，他真的考上了大学。当然，他最终没有真的去上大学，而是参加了老年大学，把自己的生活安排得特别充实。

对于曾经叱咤风云的宋局长而言，退休就是他人生的转折点。毕竟，他已经工作几十年了，如今突然面对百无聊赖的生活，心中必然觉得很失落。幸好，他有一个关心他的女儿，帮助他转变了观念，让他重新燃起了对生活的信心。的确，老了怎么了，退休了怎么了，生活还是需要继续下去的啊。唯有端正心态，积极地面对生活，我们才能顺利迈过人生的坎，成就自己精彩辉煌的下半生。

朋友们，人生在世，每个人都难免要遭遇人生的转折点。不管这个转折点是好还是坏，都预示着我们未来的人生将会变得与众不同。所以，我们必须积极地调整自己的心理状态，让自己从容迎接人生转折点的到来。

懂得变通，别被固有的经验禁锢思想

对于人生中的很多事情，我们都是有前人的经验可循的。假如这些经验来自我们曾经的经历，那么就会对我们具有指导意义，我们解决起问题来也能够事半功倍。当然，这只是从经验的积极作用来分析的。假如调整角度，从经验的弊端来分析这个问题，我们就会发现很多时候固有的经验反而会禁锢我们的思想，使我们的思想受到局限，导致我们解决问题的思路变得很逼仄。

正如一首歌里唱的那样，山不转水转，水不转人转。世界上的万事万物都处于发展变化之中，很多时候之前的经验可能已经不适应现在的事实，假如我们还是墨守成规用老眼光看待问题，那么我们最终会被自己禁锢住，导致无法解决问题。生活中，人们常说，不听老人言，吃亏在眼前。这句话实际上是在告诉我们老人对于很多问题都经验丰富，我们在遇到不懂的问题或者遭遇困境的时候，向经验丰富的老人求助，也许能够帮助解决问题。但是，所谓求助，并非是照搬老人的经验。在得到老人倾心相授的经验后，我们更要多一些自己的独立思考，从而根据事情发展的实际情况，在自己的内心进行融合与整合，从而最终想出最佳解决方案。记住，我们需要借助前人的经验提升自我，但是却不能被前人的经验禁锢住。我们在绕开一条弯路的同时，一定不能走上另一条弯路。

对于整个世界而言，唯一不变的就是变化。整个世界都在不停地发展变化，我们的眼光和思想当然也要与时俱进，这样我们才能不断更新自我的意识、知识和经验，从而使自己跟得上时代的脚步。尤其是在当今社会，整个社会都在飞速发展，所谓逆水行舟不进则退，在这样大发展的背景之下，如果我们总是被规矩和经验束缚住，那么我们就会遭遇人生的瓶颈，最终被时代的洪流远远甩下。如此一来，我们还谈何进步呢！

古代社会，有个货郎整日挑着草帽走街串巷地叫卖。这一天，他在奔波忙碌一天之后，穿过一片树林想要回家。因为感到身心俱疲，他走到半路突然走不动了，所以就躺在树根下，想要休息一会儿再继续赶路。不想，他又困又乏，身体刚刚躺到地上，马上就昏昏沉沉地睡了过去。等到一觉醒来，货郎惊讶地发现自己的担子不见了。他急得如同热锅上的蚂蚁团团转，要知道他们全家人都指望着这个担子养活呢！

正当货郎焦急的时候，树上突然传来猴子叽叽吱吱的叫声。货郎抬头看着树上，这才发现他的担子被猴子们偷走了。此时此刻，几乎每只猴子头上都戴着一只草帽。货郎想向猴子讨要帽子，但是这些猴子一个跟着一个学，根本不愿意交出帽子。显而易见，仅凭货郎一人之力，是根本不可能把这些帽子挨个夺回来的。思来想去，货郎决定给猴子做个榜样。只见货郎拿下自己头上的草帽，将其随手扔到身边的地上。果然，那些猴子看到货郎的动作，马上纷纷效仿货郎的样子，把头上的草帽摘下来扔到不远处的地方。就这样，货郎得意扬扬地把地上的帽子都收集起来，然后又冲着猴子们做了个鬼脸，就挑起担子回家了。回家之后，货郎很得意，因而把这个故事添油加醋地告诉了儿子，儿子又告诉了孙子。最终，这个故事居然成为他们家里的传家故事，代代皆知。

若干年后，货郎的孙子也成为一个货郎，和爷爷当年一样，他也不小心在树林里睡着了。巧合的是，猴子们也趁着他睡觉的工夫，偷走了他的草帽。孙子情急之余，想起爷爷当年的英雄事迹，因而也学着爷爷的样子把草帽摘下来丢到一旁。出乎他的预料，这些猴子并没有模仿他，反而有一个猴子马上捡起他丢在地上的草帽，逃走了。原来，这些猴子是当年那些上当受骗的猴子的孙子，它们早就从猴爷爷被骗的经历中汲取了经验和教训，所以再也不会轻易上当了。

这个货郎孙子的计谋之所以失败，就是因为他没有用发展的眼光看待猴子。要知道，他从爷爷那里听到智斗猴子的故事，猴孙子也从猴爷爷那里知道了同样的故事，并且因为上当受骗，所以反思自身，提升和完善自身。这样一来，货郎孙子的计谋无疑成为老掉牙的计谋，成为猴孙子一眼就识破的伎俩，也就难怪会失策了。

现实生活中，我们无论决定怎样面对人生、解决难题，都必须始终牢记发展的规律。我们必须做到与时俱进，才能最终以更新的方式方法处理和解决问题，并且取得好的结果。其实，从根本上来说，我们每个人也都处于随时随地的变化之中。我们唯有突破思维的局限，始终保持最新的思想和思路，才能最大限度地完成人生的蜕变，成就人生的非凡。

择善而行，错误的坚持有时就是一种自欺

一直以来，中国人都比较推崇坚持的精神，人们常说“坚持就是胜利”，古代郑板桥也说“咬定青山不放松，任尔东西南北风”。诚然，我们不得不承认一点，那些成功者之所以成功，很大程度上因为他们有锲而不舍的精神，但并不是所有的坚持都会迎来胜利，错误的坚持有时就是一种自欺。在这个世事难料的世界，种种的原因都可能会制约着其梦难圆，很多时候，当这条路行不通的时候，与其错误地坚持下去不如明智的放弃，然后另选一条道路。有这样一则小故事：

在印度的热带丛林里，人们捕捉猴子的方式是奇特的：

人们先安置一个固定的小盒子，然后在里面放上猴子爱吃的食物，而盒子并不是敞开的，而是在上方开一个小口，正好可以让猴子把前爪伸进去，而贪吃的猴子肯定会把爪子伸进去，此时，它的爪子就出不来了。

人们常常用这种方法捉到猴子，因为猴子有一种习性：不肯放下已经到手的东西。

人们总会嘲笑猴子的愚蠢：为什么不松开爪子放下坚果逃命？实际上，我们人类又何尝不是如此呢？

现实生活中，很多人都和猴子一样，他们往往把目光盯在那些虚无缥缈的东西上，而且还拼命地去争取，甚至不顾后果。其实，有时候，懂得放弃才能找到新的出路和机遇。对

此，美国电话电报公司前总经理卡贝提出：放弃是创新的钥匙。这就是著名的卡贝定律，这一理论教会人们：在未学会放弃之前，你将很难懂得什么是争取。

智者总是择善而行，懂得适时地放弃。坚持真理是人们所称颂的，但不辨是非、坚持错误做法的行为是愚蠢的。如果一个人总是错误地对一切进行坚持，最终留下的将是难过与后悔。所以错误的坚持是愚蠢的。

错误的坚持是不可取的，在人生的旅途中经常会遇到许多分岔口，与其盲目地前行，不如在适当的时候停下来想一想，什么才是自己的需要，什么能使自己更快地走向成功。选择是人生成功道路上的必备路标，只有量力而行的明智选择才会拥有辉煌的成功，而那些错误的坚持是要不得的。与其错误地坚持下去不如明智的放弃，然后另选一条道路。当然，这需要我们学会准确地定位自己，认清自己，看到自己的价值，然后懂得适时放弃错误的选择，那么，你就能充分挖掘到自己的内在动力，再朝着正确的方向努力，你就会做回自己，充分发挥自己的价值。

不能否认，坚持到底一直都是成功者对我们的忠告，这也是他们成功的秘诀之一，然而，假若出现在我们面前的是一条完全走不通的路，那么，我们绝不可一条道走到黑，这时，放弃这个错误坚持则更加重要，然后再做明智的选择，走另外一条路。因为天无绝人之路，上天在关掉一扇门的同时，也会为你再开一扇窗的，所以，错误的坚持我们绝对不提倡，灵活应变，才更易达到目标。

总之，对于那些错误的坚持该放手的时候就要明智地放开手。对于一件没有结果的事情过于坚持是错误的坚持，明知道这是一条走不通的死胡同，却还要继续往前走，面对的也许只有痛苦与浪费时间。

第 11 章

勇敢追梦，稳稳走路别输给急于求成

我们都知道，任何事情的发生、发展都是有一定的规律的，成功之路亦是如此，没有人能一口吃成胖子，那些最后成功的人，无不是经历了千辛万苦、一步一个脚印、一步步积累而来的，而同样，在追梦的路上，我们需要做的就是少安勿躁，杜绝急于求成。唯有如此，我们的人生才能更加坦然从容，我们的生命也会渐入美好的境界，不再因为急躁变得举步维艰。

别急于求成，从容不迫地追求成功

现代社会，人人都不甘心过平庸的生活，每个人的心目中都有一个成功的梦。虽然每个人对于成功的标准和定义不同，但是对于成功迫切的追求都是相同的。越是这样，人们越是急不可耐地想要获得成功，就像《揠苗助长》里的主人公一样急于求成。殊不知，凡事物极必反，当我们过于追求成功，迫切渴望成功时，我们最终必然与成功失之交臂，也很难得到命运的青睐。

成功，真的那么急迫吗？当我们努力去做一件事情并且想要获得成功时，我们就应该知道成功是由点点滴滴的付出积聚而成的。要想获得成功，不但要如同古人所说的那样占据天时地利人和，更要讲究现代社会的诸多成功要素，诸如人脉、学识、能力、胆识、魄力等，当然，也需要具备很多外界的客观条件。成功需要如此多方面同时达到成熟，就像是静静地期待一朵花开一样，没有耐心的人很难守候到最后。朋友们，面对自己的内心，问问自己：我是否也急不可耐地想要获得成功呢？如果答案是肯定的，那么一定要马上戒骄戒躁。当然，所谓有则改之，无则加勉，如果朋友们本身就做得很好，能够做到心平气和地面对成功，从容不迫地追求成功，就更能够事半功倍，距离成功越来越近。

作为世界上大名鼎鼎的登山高手，罗塞尔和很多世界顶级登山高手一样，也始终以摆脱氧气瓶问鼎高峰为目标。所以，他经常不带氧气瓶就开始登山。在缺乏氧气的情况下，他成功登上乔戈里峰，这是举世公认的世界第二高峰。

对于大多数登山者而言，他们的极限都在海拔6000米。这是因为当到达海拔6000米的高度时，空气变得特别稀薄，使人感到无法喘息。然而，罗塞尔成功突破了人类的极限，他在没有携带氧气瓶的情况下，攀登到海拔6400米的高峰。对于罗塞尔创造的奇迹，很多人都觉得难以置信，因此有记者专程采访罗塞尔，向他询问登山时的情况。

罗塞尔说："其实，每个人在到达6000米以上的高度时，都会觉得缺氧，这是人体正常的生理反应。不过，我并不觉得缺氧是阻止我们继续向上攀登的障碍。我们之所以到达6000米的高度就无法继续前进，是因为我们太急迫地想要获得成功。这种急切渴望成功的欲望，会让我们的身体热血沸腾，也会使我们无法继续保持淡定从容。我们的意志力遭到动摇，因而心绪起伏不平，我们也越发渴望氧气，最终失去攀登高峰的力量。要想成功攀登高峰，我们首先应该保持内心平静，清除一切的私心杂念。要知道，我们的内心欲望越多，我们就更加需要大量的氧气。所以要想在空气稀薄的地方生存，我们就必须摒弃所有的私心杂念。”

从罗塞尔的话中我们不难得到经验，即作为一名登山者，过于急迫地渴望成功，是不可能顺利攀登高峰的。同样的道理，满心只想要获得成功，而且在接近成功的过程中始终一叶障目、不够淡定的人，也是无法获得成功的。归根结底，适当的欲望能够刺激我们不断进取，为了追求成功而努力，但是当欲望成为负累，甚至成为困住我们的囚牢，我们就无法继续轻装上阵。

朋友们，我们当然要为自己树立目标和方向，但是我们却不能只顾着奔向目标，而忘记欣赏沿途的风景。我们只有更好地调整好自己的生活节奏，做到劳逸结合，才能真正拥抱和享受人生。当然，在不断奋斗和拼搏的过程中，我们也要牢记初心，这样才能最终迎来成功。

慢慢感受和品味奋斗的过程，才能尽情享受人生

现代社会，生活节奏越来越快，很多人在为自己设立目标之后，恨不得一蹴而就达成目标，让自己的人生获得圆满。殊不知，人生的目标都很远大，绝不可能一时之间就能获得成功。而且，人生原本就是残缺的圆，人生的意义也就是在不停

地自我完善和提升中，变成渐渐趋于完美的圆。既然如此，你想要缩短自己的人生吗？答案当然是肯定的。没有人愿意自己的人生缩成短短的一天，哪怕功德圆满，也必然失去欣赏和品味生活的时间与机会。因而明智的人不会抱怨目标的遥远，也不会因为自己实现目标的艰辛而痛不欲生。很多时候，人们都说心态决定一切，我们不妨尝试着把实现目标的过程作为自己人生中最美好的经过，慢慢感受和品味，这样才能尽情享受人生。

当然，对于每个人的人生而言，设定目标也是非常重要的。只有确立目标，我们才能确定人生的方向，也才能知道自己需要付出怎样的努力才能到达人生的彼岸。假如没有目标，人生必然会像在大海上航行的船只一样，漫无目的。不过，设立目标并不意味着马上就要实现目标，和设立目标相比，实现目标的过程显然更加重要。试想，假如你每天都为自己设立一个远大的目标，但是却从来不去做，更不会通过努力实现目标，那么你的目标即使再多，又有何意义呢？因而朋友们，不只要设立目标，更要学会充分地享受实现目标的过程。也许通往成功的路充满艰难曲折，但是只要我们永不放弃对人生的希望，在风雨泥泞中依然执着前行，我们终有一天会到达人生的彼岸。那时，当我们再次回顾曾经的艰难坎坷，一定会非常庆幸自己付出了坚持和努力。

在小学阶段，爱因斯坦从未表现出具有伟大科学家的潜质，甚至和大多数同学相比，他的表现还很笨拙。有一次，老师给全班同学上手工课，并且安排大家在课后的时间里做一件手工艺品作为作业，交给老师。当天晚上，同学们回家之后都迫不及待地做手工艺品。次日，下课铃响了之后，同学们全都不甘落后地把自己的作品交给老师。然而，等到全班同学都交完了，爱因斯坦却如坐针毡地坐在那里，满头满脸都是着急的汗水。

看着略显笨拙，但是在几何、数学方面都很优秀的爱因斯坦，老师耐心地等待着，他相信爱因斯坦一定会认真地完成作业。又过了一天，在上课之前，爱因斯坦拿出一个粗糙的小板凳交给老师，这只小板凳的一条板凳腿还歪斜了。对此，一直对爱因斯坦抱着希望的老师很失望，因而毫不掩饰地问同学们："同学们，你们谁还见过有小板凳比这个更难看的？"同学们全都接二连三地摇头，老师生气地对爱因斯坦说："我认为，这简直是世界上最糟糕的板凳。"老师话音刚落，教室里就发出一阵哄笑声。

爱因斯坦面红耳赤地拿着书包走到讲台上，对老师说："老师，我见过更糟糕的板凳。"说完，他从书包里拿出两个更糟糕的板凳给老师，说："刚刚交的板凳是我第三次做的，这两个是前两次做的。我觉得，第三个板凳也不够好，但是比起前两个板凳来，还是有些进步的。"听了爱因斯坦的话，老师认可而又感动地对着爱因斯坦连连点头，同学们也都非常敬佩地看着爱因斯坦。

对于小小年纪的爱因斯坦而言，老师交代的任务显然是有一定压力的。所以，他在第一天并没有上交作业，因为他没有为了完成作业而敷衍了事，而是再次尝试着做出比前两个更好的小板凳，这才将其作为作业交给老师。不得不说，爱因斯坦虽然看似木讷，但是他的态度非常认真严谨，而且他也很享受完成作业的过程，而不仅仅是为了向老师交差。

朋友们，我们在生活中是否也经常遇到不想完成的工作呢？在这种情况下，你是选择敷衍了事完成之后交差，还是选择以更加严肃认真的态度投入工作，直到把工作做得尽善尽美。不得不说，你的态度直接决定了你在工作上的表现，你必须享受工作的过程，才能得到自己所期待的结果。否则，仓促地完成工作，是不可能做出好成绩的。包括我们在生活中，对于很多事情都应该认真仔细，而不要为了尽快完成而草率敷衍。

保持空杯心态，心怀谦逊才能勤奋好学

生活中总有一些自以为是的人，把自己看得很高，觉得自己学识渊博，因而处处以好为人师的姿态出现，最终导致孤家寡人，受到他人的抵触。其实，好为人师是没有错的，但是我

们首先要认清楚自己的学识是否足以灌输给他人。从另一个角度来说，每个人对于世界都有自己的理解和感悟，当你喋喋不休地把自己的很多见解强加于人时，对方一定会感到反感。既然一千个人眼中就有一千个哈姆雷特，我们当然也要允许他人对于世界有不同的认知。所以收起好为人师的心吧，当你变得谦虚，怀着空杯心态去请教他人，也许你才能变得更受欢迎。我们虽然不能照搬他人成功的经验，但是当我们取其精华，将他人的经验经过改良后变为自己的，我们通往成功的路就会大大缩短。这一切，都取决于你勤奋好学的心。

读完研究生后，小薇自以为自己成了人才市场上的抢手人才，一定会有很多单位求才若渴，对她表现出浓厚的兴趣。然而，现实的情况却让小薇很惊讶，因为她拿着精心准备的简历在人才市场上转了一圈，却发现很多单位只要本科生，对研究生根本不感兴趣。好不容易，小薇才找到一个与专业符合的工作，投递了简历。虽然小薇心底里对这家公司并不是十分满意，但是她意识到就业市场的严峻形势，因而决定骑驴找马，马上就去公司报道。

小薇主要负责技术领域的问题，她自以为自己在学校苦心求学这么多年，学识高人一筹，因而对单位里那些本科生、专科生，根本不放在心上。有一次，很器重小薇的主任特意交给小薇一个重要的项目，原本，主任是想再给小薇配个经验丰富的老员工作为助手的，不想小薇却拒绝了。小薇暗暗想道：

“哼，我堂堂一个高才生，难道还搞不定这个小案子吗？”就这样，小薇踌躇满志地一个人去了项目工地。到了工地上，小薇对工人们颐指气使，遭到工人们的一致对抗。又加上小薇因为缺乏实际操作经验导致严重失误，工人们索性越级汇报，把小薇从工地上赶走了。看到小薇委屈的样子，主任严肃地说：“工作不是儿戏，也不能任性。其实你犯的这个错误是非常简单的，那些经验丰富的工人都知道这么做会导致严重的后果。但是他们为什么眼睁睁地看着你犯这个错误，而不告诉你呢？我想你比我更清楚原因。”在主任的要求下，小薇深刻反省自己，写出了一千多字的检查，阐述了自己因为骄傲和自满导致的严重错误。

从哪里跌倒就从哪里爬起来，在领导的坚持下，小薇再次回到工地。这次，她再也不妄自尊大了。而是与领导为她指定的助手，小薇称其为老师，他们一起同心协力，遇到难题时，还会向工地上经验丰富的工人请教。果然，小薇圆满完成了项目。

在这个故事中，小薇的错误原本是低级错误，只要是有经验的工人，应该都能看出这个失误并为其指出来。但是就因为小薇自以为是，根本不尊重那些经验丰富的工人，导致以失败告终。

古人云，三人行，必有我师。这句话的意思是说，三个人在一起行走，其中一定有一个人能够担当我的老师。当然，这里所说的老师并非是纯粹意义上的老师，不专指学校里的老师。其实，生活中处处皆学问，老师也无处不在。只要留心，即使是面对一个普通人，我们也能从其身上学到很多的东西。所以，不管你的学问多么高深，你都不要骄傲。有的时候，你在学问上是他人的老师，有的时候，他人在经验上是你的老师。不管你与他人之间是何种人际关系，你都应该与其互相帮助，取长补短。

还有人在没有深入了解一门知识时，就开始四处宣扬和炫耀。在股市动荡的年代，之所以有那么多人一夜暴富，还有更多的人一夜之间倾家荡产，就是因为人们在不懂得股市的情况下就盲目跟风，跟着其他人一起炒股，最终输得精光。这样的股市投资，无疑是一种赌博。即使是再简单的事情，也蕴含着很多知识和经验。因而，我们无论何时都要保持空杯心态。只有你虚心求教，才能成功地学习到更多的知识，也能借助他人的经验弥补自己的不足。有一点我们必须承认，即每个人都是有短板的，每个人也都是有特长的。这个特点决定了每个人都可以在某一个方面成为他人的老师，也都应该在某一个领域虚心地向他人学习。总而言之，多多学习，我们才能少走弯路。

持续为自己的梦想和人生努力吧

尼采曾说：“如果你想走到高处，就要使用自己的两条腿！不要让别人把你抬到高处；不要坐在别人的背上和头上。”在为梦想奋斗的过程中，你的每一分努力都有时光的见证，而时光会将那些最好的留给最优秀的你。一个人要想成就大事，从心底里感受到生命的充实，那就必须靠自己。所有的事实都证明：“一切靠自己”是最明智的人生理念。虽然年轻人可以靠父母和亲戚的庇护而成长，因爱人而得到幸福，但是不管怎么样，人生归根到底还是要靠自己的努力。

威廉·李卜克内西说：“才能的火花，常常在勤奋的磨石上迸发。”你是勤奋还是懒惰，时光会是最好的见证。如果一个人是勤奋的，那么他就拥有了成功的机会；如果一个人是懒惰的，那么他就一定不会成功。勤勉和成功是互相制约的，虽然你的勤劳并不一定会给你带来成功，但是无论如何，每个人都要努力工作，因为这是获得成功的最基本的条件。

杨润丹是美国杨氏设计公司的总裁，同时，她也是一位资深设计师。早年，她毕业于纽约大学的室内设计专业，后来在美国密歇根大学获得硕士学位。作为设计行业的领军人物，她已经从事设计工作30年了，在工作中，她倡导创造高品质的生活，并将不同的潮流设计带入室内外的设计中。与此同时，她所创造的品牌不断发展壮大，得到了越来越多人的支持与认可。

杨润丹是一个优雅恬淡的女子：细柔的言语、恬淡的笑容。不过，这仅仅是她的外表，在她的骨子里还有着一份比男人更强的努力程度。在受传统思想影响的社会，一个女人想要做成事真的很难，她们往往比男人付出更多，却收效甚微。杨润丹说："我并不想做一个女强人，也不喜欢别人这样称呼我。在中国，大部分的女性都很优秀，而我只是找到了自己想要去坚持和努力的信仰，凭着那份坚韧与勤奋一步步走下去而已。"

早年，移居美国的杨润丹随着父亲第一次踏上中国，后来，由于设计便常常往返于中国与美国之间。随着对中国的熟悉，心有志向的杨润丹决定在中国成立工程公司。刚开始创业的时候，她没有接受父亲的资助，而是坚持自己努力。她白天做设计，晚上去工地检查、指导、学习，回忆那段辛苦的日子，她觉得一切都值得，因为自己成功了。

杨润丹说："一个女人在中国在北京，没有任何背景，没有任何关系，一开始赔了很多钱，无数次地想背包回去不来了，那会儿我还生着病，可是我想这么多人跟着你，人家把工作给你，就是相信你，所以，我只能成功，不能后退。"杨润丹，这就是一个耐力与勤勉并行的女子，她心中的那份认真与耕耘，最终因努力而换得了最好的奖赏。

许多年轻人想努力的时候，总会怀疑：我的努力是否会白费？我要不要这么拼命努力？他们总会担心自己的付出不能得到应有的回报。不过，年轻人，你是否努力了呢？努力才有可能成功，不努力连失败都不会临幸于你。持续为自己的梦想和人生努力吧，时光往往会把最好的留给最优秀的你。

唯有埋头，乃能出头

卢梭曾说：“节制和劳动是人类的两个真正医生。”即使每个年轻人都是块好铁，总得锻炼锻炼才能成钢，就是在你为生存而付出的劳动里，锻炼了一切与理想相关的东西，如自信、尊严、才识和能力。沉重是生活的一部分，我们享受生活的欢乐，也要接纳生活的沉重，因为生命中有一些责任是你必须要承担的，你必须负重前行，脚步才不会太飘忽。一个人要想有所作为，首先要从清理思想、改变观念开始。如果本是穷人、新人还要“穷摆谱”，那么机会是不会主动光顾他的。而能沉下心来的人，他的思考富有高度的弹性，不会有刻板的观念，而能吸收各种信息，形成一个庞大而多样的信息库，这将是他成功的本钱。

这一年，玛丽从大学毕业，她决定在纽约扎根并做出一番事业来。她的专业是建筑设计，本来毕业时是和一家著名的建筑设计院签了工作意向的，但由于那家设计院在外地，玛丽未经考虑就决定不去。如果去了，她会受到系统的专业训练和锻炼，并将一直沿着建筑设计的路子走下去。可是一想到会几十年在一个不变的环境里工作，或许永远没有出头之日，这点让玛丽彻底断了去那里工作的念头。

玛丽在纽约找了几家建筑公司，大公司不要没有经验的刚出校门的学生，小公司玛丽又看不上，无奈只好转行，到一家贸易公司做市场。一段时间后，由于业绩得不到提高，身心疲惫的玛丽对工作产生了厌倦情绪。但心高气傲的她觉得如果自己单干肯定会更好，于是她联系了几个朋友一起做建材生意。本以为自己是“专业人士”，做建材生意有优势，可是建筑设计与建材销售毕竟是两码事。不到一年，生意亏本了，朋友们也因利益关系闹得不欢而散。

无奈之下的玛丽只好再换工作，挣钱还债。由于对工作环境不满意，几年下来，她又先后换了几次工作，都没干出什么成绩，玛丽对前途彻底失去了信心。现在专业知识已忘得差不多了，由于没有实践经验，再想做几乎是不可能了。玛丽虽然工作经验丰富，跨了好几个行业，可是没有一段经历能称得上成功……现实的残酷使玛丽陷入很尴尬的境地，这是她当初无论如何也没想到的。

“这山望着那山高”的想法切不可有，如果你忽略了理想必须扎根在现实的土壤上的话，结果只能被理想和现实同时抛弃。学会沉下心来，因为你在人生的过程中会看到许多山峰，但你不可能翻越每一座山峰，得到所有美好的东西。命运对任何人都是公平的，当你为没有得到而苦恼时，还是仔细想一下自己将会失去什么吧！

许多年轻人在步入社会的初期都拥有远大的抱负，一心只想一鸣惊人，而不去做埋头耕耘的工作。等到忽然有一天，他看见比他起步晚的、比他天资差的，都已经有了可观的收获，他才惊觉自己这片园地上还是一无所有。他这才明白，不是上天没有给他理想或志愿，而是他一心只等待丰收，忘了播种。

古人说：“唯有埋头，乃能出头。”种子如不经过在坚硬的泥土中挣扎奋斗的过程，它将止于是一粒干瘪的种子，而永远不能发芽滋长成一棵大树。沉下心做事，就是要面对现实，面向未来，顺从规律，服从大势，不做揠苗助长的蠢事，不干明天后天才有可能做的蠢事。扎扎实实，一步一个脚印地走；循序渐进，一步一步登上事业的巅峰。

水到渠成，凡事不可操之过急

生活中，人们常说：“心急吃不了热豆腐。”指做事不要急于求成，喻踏实做事，水到渠成。的确，总是想着成功的人，往往很难成功；太想赢的人，往往不容易赢。欲速则不达，凡事不能急于求成。相反，以淡定的心态对之，处之，行之，以坚持恒久的姿态努力攀登，努力进取，成功的概率就会大大增加。

在现实生活中，急功近利者不鲜见，他们凡事追求速度，以至于他们经常在做一件事时还没开始就结束了。急于求成，心态浮躁，往往不会注意做事的品质，而常把最简单、最普通的事做砸，何况富有挑战性的大事呢？

事实上，任何一种本领的获得、一个人生目标的达成都不是一蹴而就的，而是需要一个艰苦历练与奋斗的过程，正所谓“宝剑锋从磨砺出，梅花香自苦寒来”，我们做任何事，都不能忘了踏实的原则，都要一步一个脚印，任何急功近利的做法都是愚蠢的，急于求成的结果，只能适得其反，功亏一篑。俗话说：“强扭的瓜不甜，强求的事难成。”以淡定的心态面对，却往往会水到渠成。

有一对夫妻，小两口恩爱有加，很多人都羡慕。然而他们有一块心病，块垒般郁积心头，一直挥之不去：结婚五六年了，还一直没有属于自己的爱情结晶。小两口那个急呀！一有空就四处寻医问药，但几年过去了，却不见有怀孕的迹象。更为严重的是，以前身体健壮如牛的妻子，竟然和各种莫名其妙的疾病结上了缘、攀下了亲。开始是整天整天地肚子痛，痛得常常出满身满身的虚汗；痛得常常在床上打滚；痛得常常大呼小叫、鬼哭狼嚎。于是，他们全国各地，求医问药，但都不见好转，连续的奔波，搞得他们身心俱疲。

父母流泪了，劝他们想开点；朋友们伤心了，劝他们顺其自然。小两口不表示拒绝，也不进行辩驳，均一笑了之。

有一天，小两口到医院打点滴，一个护士看着他们青一块、紫一块的胳膊，还有胳膊上密密麻麻针头扎过的小红点，不禁落泪了，劝慰道：“顺其自然吧，是自己的别人抢不走，不是自己的莫强求……”

听着这温柔的、天使般的声音，小两口陷入了沉思：“是啊，小护士和我们素不相识，她干吗要劝我们？还不是看到我们身心俱疲的样子产生悲悯之情了吗？顺其自然，是自己的别人抢不走，不是自己的莫强求……说得多好啊！”

回到家，小两口像换了个人似的，把医院买来的各种中药、西药统统扔进了垃圾堆。小两口相视一笑，顿时浑身轻松。

一个周末，妻子翻翻日历，发现例假很久没来，然后拿出试纸，检测了下，发现居然怀孕了，小两口紧紧地相拥在一起，激动的泪水夺眶而出……

后来，丈夫向朋友叙说：“真的，自从思想放松后，妻子的什么小烧不断、肌肉乱颤、大肠易激、夜间失眠，统统地不治而愈。”他在叙述这一切的时候，脸色很平静，似乎在叙说一件与自己毫不相干的事。

凡事顺其自然，确实至为重要。有些事情就是奇怪，你越努力渴求的，它反而越迟迟不来，让你等得心急火燎、焦头烂额。终于，你等得不耐烦了，它却又如从天降，给你个惊喜满怀。

孔子曰：“无欲速，无见小利。欲速，则不达；见小利，则大事不成。”真正成大事者，都遵循自然的规律，遇事临危不乱、镇定自若，他们都有一份定力，这是一种有长远眼光的表现，只有凡事不急于求成，才能真正有所成就。

参考文献

[1]萧萧.你若不勇敢，谁替你坚强[M].北京：北京时代华文书局有限公司，2013.

[2]墨陌.只要坚持，梦想总是可以实现的[M].南京：南京出版社，2016.

[3]左岸.将来的我一定会感谢现在拼命的自己[M].北京：中国华侨出版社，2015.

[4]汤木.你的努力，终将成就无可替代的自己[M].南昌：百花洲文艺出版社，2015.